超有料！

極餡 爆料麵點

99道停不了口的秒殺美味

作者序

餡的誘惑

認識我的人都知道，我可以在半小時之內，用現成的餃子皮和肉餡包出數十顆薄皮餡多的餃子，而且廚房流理臺和地面都乾淨整潔。

然而，我也可以花費五六個小時，從和麵、剁肉開始，將鮮蝦去腸線，將荸薺削皮剁碎，做一碗很費時費工的三鮮水餃。

為了能做一份好的鍋貼，我用過好多個不沾鍋，買過好幾個煎餅機。

為了吃到一碗湯水鮮美、入口即溶的小餛飩，我試過無數麵皮的做法。就連搭配餛飩的香菜，也要求翠綠水靈。

在物質極度豐盛、肚子不缺少油水的現在，我依然愛吃那種純肉餡的大肉包子，有肥有瘦，甚至保留肉皮，一斤肉餡配一棵山東大蔥，放少許糖、少量甜麵醬，蒸好之後，滿屋子肉香、醬香，咬一口，滿嘴流汁。

不只如此，我還愛吃福建的肉燕、北京的冬瓜小丸子、淮揚的獅子頭，也愛吃廣東的雲吞、四川的抄手、上海的灌湯小籠包……

把食物做成餡，保留了食物的鮮美汁水，又令人在咬破的那一剎那，充滿了對餡料的神祕期待。

就連各種沾料，也是百家爭鳴，給餡料增加了萬種風情。有人吃醋、有人沾醬油、有人放辣醬、有人放蔥花，不一而足。

所以，我們就出了這樣一本的書，獻給所有愛吃餡的老饕們。

高欣茹

薩巴小傳：本名高欣茹。薩巴蒂娜是當時出道寫美食書時用的筆名。曾主編過五十多本暢銷美食圖書，現任薩巴廚房主編。

本書使用方式

本書可分為「豬肉、牛羊海鮮、素餡、甜餡」四個章節，不僅包含令人垂涎的菜肉包、水餃、餡餅等中式麵點，也收錄甜湯圓、綠豆糕等經典甜點，鹹甜口味應有盡有，每一口都咬得到餡料，口口都滿足！

容量對照表

1小匙固體調味料＝5克　　1小匙液體調味料＝5毫升

1大匙固體調味料＝15克　　1大匙液體調味料＝15毫升

目錄

本書使用方式 004
萬變不離其宗：基本製作方法大公開 011
食材篇 011
　基本麵皮類 011
技巧篇 012
　和麵的方法 012
　發酵類麵團的做法 013
　手擀類麵皮的做法 014
　奶黃餡的做法 015
　紅豆沙餡的做法 015
薄脆的做法 016
餛飩皮的做法 017
攪拌餡料的手法 018
豬皮凍的做法 018
如何保存餡料 020
如何包餃子 020
如何包包子 021
如何包餛飩 021
如何包餡餅 022
如何做燒餅 022

鮮肉小籠包 024

蜜汁叉燒包 026

梅乾菜肉包 028

茴香豬肉小籠包 030

芹菜豬肉水餃 032

豬肉白菜水餃 034

酸菜豬肉水餃 036

三鮮蒸餃 037

蛋餃 038

廣式鹹水餃 039

香菇豬肉小餛飩 040

薺菜豬肉餛飩 042

糯米豬肉燒賣 044

韭菜豬肉鍋貼 046

滷肉燒餅 048

老北京褡褳火燒
050

京都肉餅
052

紅燒肉夾饃
054

清蒸獅子頭
056

蔥香豬肉茄盒
058

珍珠肉丸
059

茄汁瑞典肉丸
060

香菇蒸肉餅
062

荷包丸子
064

豬肉釀青椒
066

牛肉蘿蔔包
068

蔥爆羊肉包
070

蝦仁生煎包
072

蟹粉小籠包
074

蟹黃燒賣
076

水晶蝦餃皇
078

蘆筍鮮蝦餃
080

香菇蝦仁餃
082

白蘿蔔羊肉水餃
083

蝦仁大餛飩
084

蔥香牛肉小餛飩
085

香辣牛肉鍋貼
086

香蔥羊肉鍋貼
088

胡蘿蔔牛肉褡褳火燒 090

椒鹽牛肉餅 092

洋蔥羊肉餡餅 093

孜然羊肉肉夾饃 094

蚵仔煎 096

牛肉炸藕盒 097

白玉牛肉盅 098

五香牛肉釀豆腐 100

紫菜蝦滑湯 102

炸龍利魚丸 103

清蒸牛肉丸 104

陳皮牛肉球 105

鱈魚鮮蝦堡 106

藤椒牛肉漢堡 108

Chapter3
素餡

香椿豆腐小籠包 110

豆乾香菇菜包 112

櫛瓜雞蛋水煎包 114

豆沙水晶包 116

青菜香菇餃 117

鮮菇水晶餃 118

芹香蒸餃 120

櫛瓜蝦皮鍋貼 122

韭菜雞蛋鍋貼 124

薺菜荸薺小餛飩 126

豆香小餛飩 127

蔥香千層餡餅 128

薄脆煎餅 130

五香燒餅 132

蘿蔔蝦皮褡褳火燒 134

粉絲豆乾春捲 136

芋香春捲 138

麻醬花卷 140

雙色蘿蔔絲炸丸子 142

芙蓉茄盒 144

油酥豆腐丸子 146

豆皮三絲卷 147

香菇雞蛋灌麵筋 148

糯米釀紅椒 150

羅漢福袋 152

黃金流沙包 154

奶黃水晶包 156

豆沙包 158

紅豆栗子包 160

蜜豆餑餑 162

黑糖紅棗饅頭 164

花生芝麻糖三角 166

南瓜糖三角 168

棗泥鍋餅 170

玫瑰花餡餅 172

蓮蓉芝麻球 174

豆沙南瓜湯圓 176

黑芝麻湯圓 178

心太軟糯米棗 179

南瓜椰蓉糯米糍 180

紫薯南瓜球 181

棗泥山藥球 182

桂花芋泥 184

椰汁西谷米糕 185

豆沙糯米桂花卷 186

蘋果派 188

綠豆糕 190

萬變不離其宗：基本製作方法大公開

基本麵皮類

白麵皮

由高筋麵粉製作而成，用做包子皮、餃子皮、鍋貼、燒賣皮等。

黃麵皮

由蛋黃混合高筋麵粉製作而成，多用於蒸籠類點心。

水晶皮

由澄粉、太白粉製作而成，是富有彈性、晶瑩剔透的麵皮，多用於蝦餃、水晶餃等茶樓點心。

春捲皮

由高筋麵粉製作而成，多用於包裹油炸類點心。

豆皮

黃豆磨成的豆漿表面凝固的一層薄皮，放入餡料後，可以蒸、炸、煎等。

薄脆

用麵皮炸製而成，金黃香脆，尤其適合放在素餡的料理中增加香酥的口感。

技巧篇

和麵的方法

餡和麵粉是最好的搭檔，大部分的餡包上麵皮，就可以做成各式各樣的美食，如餃子、包子、燒餅、鍋貼、餛飩等，所以和麵就非常關鍵了。不同的麵食使用不同類型的麵粉，添加對應分量的調味料混合均勻，便可以製作成光滑白淨的麵團。

做法

1 將麵粉倒入容器中或倒在乾淨的擀麵板上，麵粉中間留出一個凹槽。

2 拿一雙筷子，慢慢將溫度適合的清水倒入麵粉中，一邊倒水一邊用筷子攪動麵粉，使水分逐漸被麵粉吸收。

3 當麵粉和水分中和，形成不沾手，表面還有麵粉的麵疙瘩時，開始揉麵。

烹飪訣竅

❶ 揉麵的力道要均勻、大力，反覆摺疊摔打揉捏麵團，使麵團充分、均勻地吸收水分，至麵團光滑、有彈性為止。

❷ 觀察一個麵團是否和好，有俗語稱「三光」，就是麵團光滑、鋼盆光滑、手上光滑。

細砂糖可以幫助酵母粉發酵，因此我們在製作發酵類麵團時，添加適量細砂糖，可以使麵團的口感更加蓬鬆柔軟。

做法

1 和麵：將麵粉倒入容器，按照100克麵粉配1克酵母粉、3克細砂糖的比例，加入酵母粉、細砂糖，混合均勻後，從P12和麵步驟2開始製作，直至揉成麵團。

2 發酵：揉好的麵團放入盆中，蓋上乾淨的濕毛巾或保鮮膜，靜置。室溫發酵90分鐘，至麵團膨脹到原來的兩倍大小。如果是冬天室溫較低，可以延長發酵時間，或用烤箱的發酵功能進行發酵。

3 排氣：揉搓發酵好的麵團，排掉麵團內的空氣。

4 搓條：將光滑的麵團用刮板切成小塊，放在擀麵板上，用手搓成粗細均勻的長條。

5 將搓好的長條分割成大小均勻的小塊，撒上乾麵粉，用手心壓扁即可。

剛揉好的麵團一扯就斷。為了讓麵團的柔韌性更好，我們通常將揉好的麵團放入鋼盆，蓋上乾淨的濕毛巾或保鮮膜以防止水分流失，然後根據不同的麵食種類，靜置20分鐘至90分鐘不等，讓麵團更加勁道、柔軟。

做法

1 銜接P13最後一步，取出一塊壓扁的麵團，一手輕輕捏住扁麵團一端，在擀麵棍和麵團上都撒上一些乾麵粉，防止沾手。

2 餃子皮：一手使用擀麵棍，一邊旋轉扁麵團，來回推捲擀麵棍，將麵皮擀薄。擀好的麵皮以四周薄、中間略有厚度為宜。

3 餅皮：用擀麵棍將壓扁的麵團來回擀薄，厚度均勻即可。

奶黃餡的做法

主食材

細砂糖 60 克、雞蛋 1 顆

純牛奶 40 毫升

副食材

起司粉 20 克、澄粉 20 克

淡奶油 40 毫升、奶油 40 克

做法

1 雞蛋打入盆中，加入細砂糖、澄粉、起司粉、牛奶、淡奶油、室溫下軟化的奶油，用打蛋器攪拌均勻做成奶黃液，放入不鏽鋼小盆中備用。

2 蒸鍋內加入清水煮滾，將奶黃液放入蒸鍋內，中火蒸約30 分鐘。中間每隔10 分鐘左右用湯匙攪拌一下，將凝固的蛋黃攪拌均勻，將奶黃液蒸至奶糊狀即可。

紅豆沙餡的做法

主食材

紅豆 300 克

細砂糖 80 克

植物油 50 毫升

做法

1 紅豆用清水提前浸泡一晚，加入兩倍的清水，放入壓力鍋中，壓力鍋用大火煮至出汽後，轉中火壓30 分鐘。

2 煮好的紅豆用料理機打成泥狀。

3 冷鍋內倒入植物油，放入紅豆泥，小火慢慢翻炒至豆沙水分蒸發。

4 分次加入細砂糖，攪拌均勻做成紅豆沙，放涼備用。

烹飪訣竅

❶ 炒紅豆沙餡，一定要不停地用鍋鏟翻炒，以免糊鍋，這個過程費時，需要耐心。

❷ 在時間不夠的情況下，可以省略翻炒的過程，直接將煮好的紅豆用湯匙壓成泥，根據自己的口感加入適量細砂糖和植物油，攪拌均勻即可。

❸ 細砂糖最後放到鍋中翻炒，避免長時間炒製使口感發苦。

薄脆的做法

主食材

麵粉 100 克、雞蛋 1 顆

副食材

鹽 0.5 小匙

泡打粉 0.5 小匙

植物油適量

做法

1 將麵粉、雞蛋、鹽、泡打粉加清水和好麵後（見 P12 技巧篇 · 和麵的方法），醒發30 分鐘。

2 用擀麵棍將醒好的麵團擀成非常薄的麵皮，分割成手掌大小的長方形。

3 鍋內倒入植物油燒熱，大火將麵皮炸成金黃香脆即可。

餛飩皮的做法

為了省力、省事，一般家裡包餛飩都會直接購買市售成品的餛飩皮，自己只要調好餡料即可。但也有不少喜歡自己動手、感受生活樂趣的朋友想要嘗試自己做餛飩皮。餛飩皮的關鍵就是和麵時一定要少放水，否則下鍋一煮，餛飩皮就爛了。

主食材

高筋麵粉 500 克、澄粉 50 克

做法

1 在高筋麵粉中倒入200 毫升清水，按照P12 和麵的方法，將麵團和好，醒發30 分鐘，其間可以多次揉搓麵團，使麵團的韌勁加倍。

2 將麵團分成小份，搓成長條狀後，用擀麵棍擀成麵皮。

3 在擀好的麵皮上撒上太白粉，防止沾連。

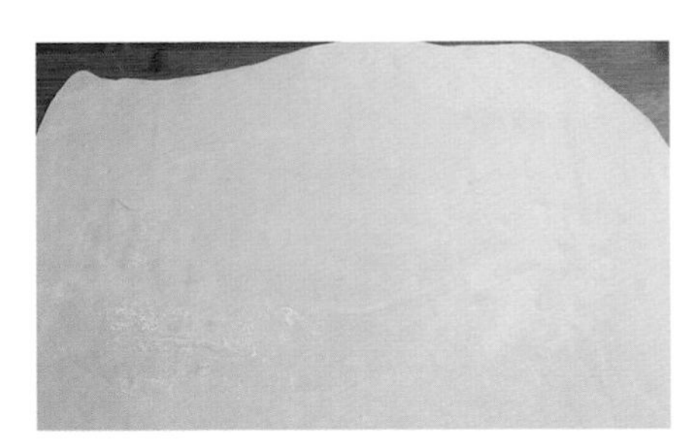

4 用大的擀麵棍將麵皮從一側擀起來，來回擀壓成非常薄的麵皮（一定要薄，只要皮不破就行）。

5 將麵皮分割成小正方形的餛飩皮，撒上太白粉防沾即可。

攪拌餡料的手法

帶肉的餡料，先攪拌純肉餡，往同一方向攪拌，邊攪拌邊加入需要添加的液體材料，如高湯或蛋液。往同一方向攪拌的目的是為了讓肉餡釋放出蛋白質，形成凝膠的作用，使肉餡飽滿、口感有彈性，最後添加其他配料，攪拌均勻即可。

豬皮凍的做法

主食材
豬皮 500 克

副食材
小蔥 10 克、生薑 15 克
黃酒 15 毫升、鹽 1 小匙
雞粉 0.5 小匙、胡椒粉適量

做法

1 將豬皮洗淨後放入滾水中，大火煮 2 分鐘，撈出放涼。

2 將豬皮附帶的肥肉剔除，豬皮表面用刀刮乾淨，洗淨。小蔥打蔥結；薑切片。

3 鍋中放入1500毫升清水，放入豬皮、黃酒、蔥結、薑片及胡椒粉，大火煮滾。

4 轉小火，熬煮約90分鐘，直到豬皮爛透為止。

5 撈出豬皮，切成碎末，再放回湯汁中，加入鹽、雞粉，繼續熬煮約10分鐘。

6 用不鏽鋼濾網過濾掉沒有化成湯汁的碎豬皮，保留純湯汁。

7 豬皮湯覆蓋上保鮮膜，放入冰箱冷藏或自然冷卻，形成凝固的豬皮凍，切成碎塊，放入冰箱冷藏備用。

如何保存餡料

製作完成的餡料如果一次用不完，用保鮮膜或保鮮袋裝起來，放入冰箱直接冷凍保存，下次製作時拿出來解凍，即可使用。

如何包餃子

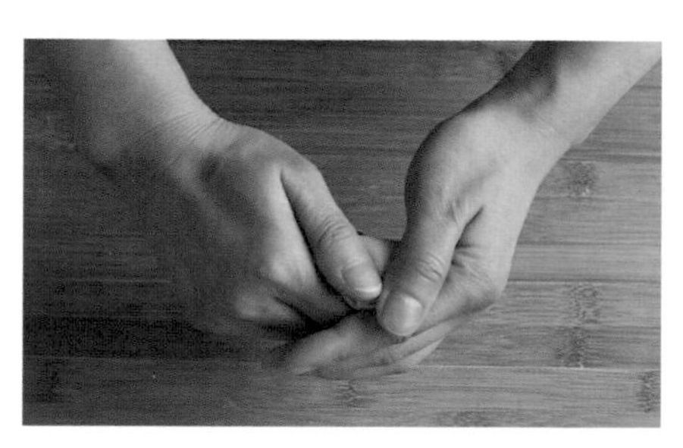

普通鎖邊餃子　擀好的餃子皮放入餡料，餃子皮向中心對摺捏攏，左右開口的兩邊往中間擠一下，捏攏收緊即可。

四喜餃子　餃子皮要稍大一些，四個邊往中心點各捏一下，形成對摺的四個口袋，再往口袋中裝餡，不必收口，直接上鍋蒸熟即可。

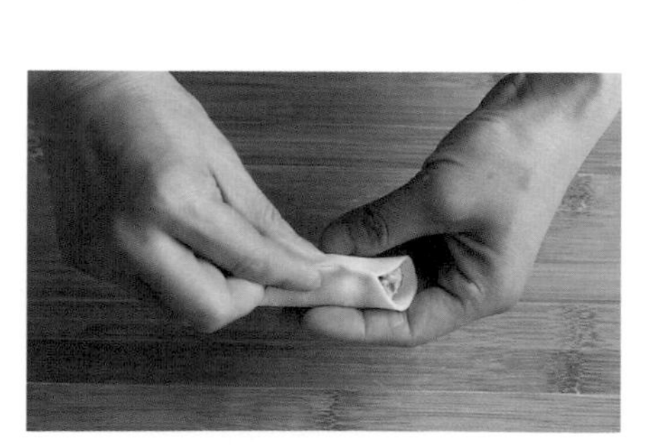

鍋貼　餃子皮裝好餡，和包餃子一樣，將餃子皮向中心對摺捏攏，左右兩邊的開口不用收緊，敞口，直接放入鍋中煎熟即可。

葵花餃子　取一張餃子皮，平鋪在擀麵板上，放入餡料，再蓋上一張餃子皮，上下兩張餃子皮捏攏收緊，取一把叉子或一根筷子，在餃子皮邊緣按壓出花形即可。

如何包包子

做法

1 左手托好包子皮，放入餡料。

2 右手大拇指和食指提拉住包子皮邊沿，向上拎起一些，手捏住的部位內外摺疊一下，形成一個皺褶。

3 左手自然地旋轉包子皮，右手順著同一方向，按照步驟2繼續打摺收口，盡量注意讓餡保留在包子皮的中心位置，不要漏出來。

4 直到一個圓圈完成，留下中心一個圓口，用手將封口處黏住即可。

如何包餛飩

貓耳餛飩　在餛飩中間放好餡料，將餛飩皮對摺成三角形，三角形兩端往餡料中間對摺，收攏捏緊，形成包裹餡料的三角形花形。

元寶餛飩　在餛飩中間放好餡料，從下往上呈圓筒形捲好餛飩，最後將左右兩端的餛飩皮往中間收攏捏緊，這樣的包法最牢固，不會露餡。

薄皮小餛飩　用一根筷子，挑起少許餡料抹在餛飩皮上，用另一手將麵皮抓緊一下收口即可。

如何包餡餅

做法

1 取一個麵團，用手壓扁撐開，放入掌中。

2 用湯匙挖一匙餡料放入麵餅中心。

3 用包包子的手法，捏出褶皺，旋轉至收口，捏緊。如需要造型再壓扁或摺疊即可。

做法

1 將發酵好的麵團（參照P13發酵類麵團的做法）再次揉壓，排除麵團中的空氣，靜置約10分鐘，使麵團的組織恢復鬆軟。

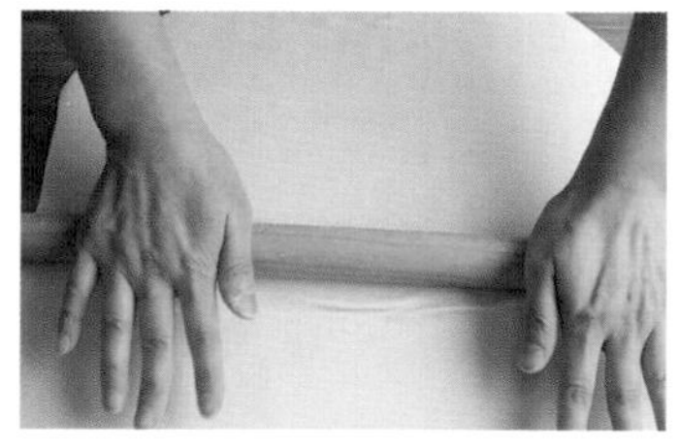

2 將剩餘的乾麵粉撒在擀麵板上，防止麵團沾連。用擀麵棍將麵團擀成薄薄的麵皮，越薄越好。如果擀麵板不夠大，可以將麵團分成兩個，分兩次操作。

3 在麵皮上均勻刷上一層植物油，然後將麵皮從下到上緊緊捲起來，形成一個長條形。

4 將長條切成均勻的小段，兩頭捏緊封口，豎起來按壓成圓餅。

5 煎餅機預熱，將圓餅整齊地擺放進去，選擇「烙餡餅」的功能選項即可。

Chapter 1
豬肉

Delicious Chinese **Pastry**

享譽中外的經典

鮮肉小籠包

200分鐘　中等

★你需要掌握的技巧

發酵麵團的做法　見013頁
豬皮凍的做法　見018頁
如何包包子　見021頁

主食材

高筋麵粉300克 | 豬絞肉200克
雞蛋1顆 | 豬皮凍200克

副食材

酵母粉3克 | 細砂糖9克 | 大蔥50克 | 鹽2小匙
醬油1小匙 | 料理米酒1小匙 | 薑末1小匙
黑胡椒粉少許 | 食用油少許

做法

❶ 麵粉加入酵母粉、細砂糖、清水，揉成麵團進行發酵。

❷ 大蔥洗淨後切成蔥末。

❸ 豬絞肉中打入雞蛋，朝同一方向用力攪拌至出筋，加入蔥末、鹽、料理米酒、醬油、薑末、黑胡椒粉，攪拌均勻，做成豬肉餡。

❹ 豬肉餡加入豬皮凍，攪拌均勻，放入冰箱冷藏備用。

❺ 將發酵好的麵團分割成大小均勻的麵團，用擀麵棍擀成麵皮。

❻ 取出豬肉餡，包成包子，繼續發酵15分鐘。

❼ 蒸鍋放入清水，蒸盤上刷上一層薄薄的油，將包好的包子整齊擺在蒸盤內，注意間隔距離，以免包子膨脹後黏在一起。

❽ 大火蒸20分鐘，關火後，蓋上蓋子悶3分鐘左右，以免包子突然接觸冷空氣，造成麵團回縮。

烹飪訣竅

❶ 豬肉餡製作好後放入冰箱冷藏，是為了防止豬皮凍融化。

❷ 凍好的豬皮凍更方便包，蒸熟後，豬皮凍化成了湯汁，形成濃郁多汁的鮮美口感。

❸ 大蔥可以更換成韭菜、香菇、玉米等自己喜歡的蔬菜，其他的做法是一樣的。

鮮肉小籠包是江南地區的特色小吃，皮薄餡多，加入豬皮凍之後的肉餡，蒸熟後肉汁豐美多汁，肉香撲鼻，誘人食慾。

粵式甜味麵點的代表作

蜜汁叉燒包

200分鐘　中等

★你需要掌握的技巧

發酵麵團的做法　見013頁

如何包包子　見021頁

主食材

高筋麵粉300克 | 五花肉300克

叉燒醬50克 | 洋蔥碎50克

副食材

酵母粉3克 | 細砂糖50克 | 蜂蜜20毫升

蔥末20克 | 薑末20克 | 醬油1大匙

濃醬油1小匙 | 鹽1小匙 | 花生油1大匙

做法

❶ 將高筋麵粉、清水、酵母粉、細砂糖10克拌勻，揉好麵團後進行發酵。

❷ 五花肉切成小丁，倒入蜂蜜、濃醬油、醬油攪拌均勻，醃製2小時。

❸ 鍋內倒入1大匙花生油加熱，放入蔥薑末、洋蔥碎，小火炒至香味散發。

❹ 鍋內放入醃製好的五花肉丁、叉燒醬，中火翻炒至五花肉變色。

❺ 鍋內放入細砂糖40克、鹽，翻炒至焦香金黃，油脂明顯可見，做成叉燒肉餡，盛出備用。

❻ 將發酵好的麵團分割成大小均勻的麵團，用擀麵棍擀成麵皮，包成包子，整齊有間距地擺在蒸鍋上。

❼ 蒸鍋放入清水，大火蒸15分鐘即可。

烹飪訣竅

❶ 蜜汁叉燒包是甜味的包子，可根據自己喜歡的甜度，增減蜂蜜和細砂糖的分量。

❷ 可直接購買市售成品叉燒肉，切碎後直接包包子，省去自己做叉燒肉餡的時間，更為方便。

肉餡肥瘦適中，混合了蜂蜜和砂糖後，肉脂豐盈香甜，表皮潔白鬆軟，是具有代表性的中式麵點之一。

肥而不膩、鮮香開胃

梅乾菜肉包

200分鐘　中等

★你需要掌握的技巧

發酵麵團的做法　見013頁

如何包包子　見021頁

主食材

高筋麵粉300克 | 五花肉250克
梅乾菜50克

副食材

酵母粉3克 | 細砂糖9克 | 薑末10克 | 蔥末10克
料理米酒1小匙 | 醬油1小匙 | 鹽1小匙 | 植物油1大匙

做法

❶ 麵粉加入酵母粉、細砂糖、清水，揉成麵團進行發酵。

❷ 梅乾菜用溫水浸泡軟，切成碎末；五花肉去皮，切成小丁備用。

❸ 鍋內倒入植物油燒熱，放入蔥薑末炒出香味，加入五花肉翻炒2分鐘，加入醬油、料理米酒翻炒均勻。

❹ 加入梅乾菜、鹽，繼續翻炒3分鐘。

❺ 鍋內倒入清水，淹過食材即可，蓋上鍋蓋悶煮至湯水收乾，做成梅乾菜肉餡備用。

❻ 將發酵好的麵團分割成大小均勻的麵團，用擀麵棍擀成麵皮。

❼ 取肉餡包成包子，整齊有間距地擺在蒸盤上，繼續醒發20分鐘左右。

❽ 蒸鍋放入清水，擺上蒸盤，大火蒸20分鐘，關火後，蓋上蓋子悶3分鐘左右即可。

烹飪訣竅

❶ 五花肉丁熬煮至油脂溢出、軟爛為止。

❷ 梅乾菜和肉的比例可根據個人的喜好調整。

梅乾菜是傳統食材，容易吸油，最適合與豬肉搭配烹製，五花肉的肥美油脂全部滲透到梅乾菜當中，肥而不膩、濃香開胃。

奇妙的味覺體驗

茴香豬肉小籠包

200分鐘　中等

★你需要掌握的技巧

發酵麵團的做法　見013頁
如何包包子　見021頁

主食材

高筋麵粉300克 | 豬絞肉300克
茴香300克

副食材

酵母粉3克 | 細砂糖9克 | 蔥末10克
薑末10克 | 鹽1小匙 | 料理米酒1小匙
醬油1小匙 | 香油1大匙

做法

❶ 麵粉加入酵母粉、細砂糖、清水，揉成麵團進行發酵。

❷ 豬絞肉中放入料理米酒、醬油、鹽，蔥末、薑末、香油，朝同一方向用力攪拌至出筋。

❸ 茴香洗淨後切碎，拌入豬絞肉中，攪拌均勻，做成包子餡。

❹ 將發酵好的麵團分割成大小均勻的麵團，用擀麵棍擀成麵皮。

❺ 取出豬肉餡，包成包子，整齊有間距地擺在蒸鍋上。

❻ 蒸鍋放入清水，大火蒸20分鐘，關火後，蓋上蓋子悶3分鐘左右即可。

烹飪訣竅

❶ 吃包子時，可沾醋、辣油等調味料一起吃。

❷ 包子餡裡可根據自己的口味增加辣椒等調味料。

茴香是種營養豐富的蔬菜，含有大量的膳食纖維，香味略有別於一般的蔬菜，和豬肉搭配做成餡料，有種獨特的口感和香氣，值得一嘗。

清脆爽口、健康飽足

芹菜豬肉水餃

60分鐘　中等

★你需要掌握的技巧

和麵的方法 見012頁
手擀類麵皮的做法 見014頁
如何包餃子 見020頁

主食材

高筋麵粉300克 | 豬絞肉300克
芹菜200克 | 雞蛋1顆

副食材

鹽6克 | 料理米酒1小匙 | 醬油1小匙
薑末10克

做法

❶ 將麵粉揉成麵團，醒半小時。

❷ 芹菜洗淨後，挑去菜葉，將芹菜莖切成碎末。

❸ 豬絞肉加入雞蛋、料理米酒、醬油、薑末，按順時針方向用力攪拌至出筋。

❹ 豬絞肉加入芹菜末、鹽，攪拌均勻，做成餃子餡。

❺ 將醒好的麵團擀成餃子皮。

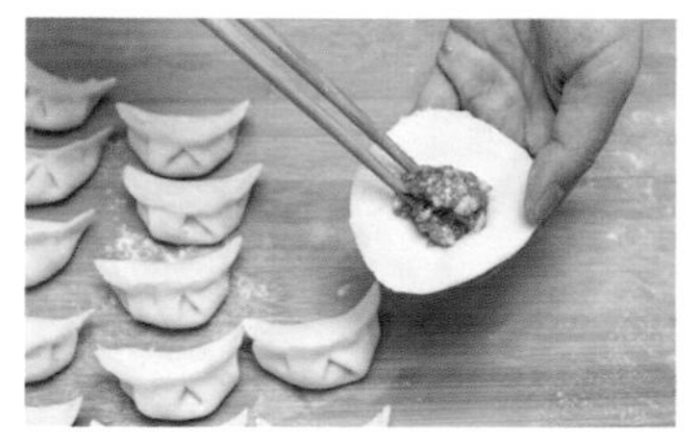

❻ 備好餃子餡和餃子皮，包成餃子煮熟即可。

烹飪訣竅

❶ 豬絞肉加入雞蛋，可以幫助攪拌至出筋。

❷ 餃子可以蒸、炸、煮，吃不完的餃子，包好後直接放入冰箱冷凍。下次吃的時候拿出來直接烹煮即可。

芹菜含有大量的膳食纖維，能促進人體腸胃蠕動，預防便祕。香脆爽口的芹菜配上香濃的豬肉餡做成的餃子，豐美多汁，清爽開胃。

有沒有一種美食讓你想家？

豬肉白菜水餃

60分鐘 中等

★你需要掌握的技巧

和麵的方法 見012頁
手擀類麵皮的做法 見014頁
如何包餃子 見020頁

主食材

高筋麵粉300克 | 豬絞肉200克
大白菜600克

副食材

香油10毫升 | 薑末10克 | 蔥花20克
醬油1小匙 | 鹽2小匙

做法

❶ 將麵粉揉成麵團，醒半小時。

❷ 取大白菜的菜梗，洗淨後切成細絲，放入1小匙鹽，醃製15分鐘。

❸ 白菜絲經過醃製後，多餘的水分浸出；擠乾水分，加入香油，攪拌均勻備用。

❹ 肥瘦各半的豬絞肉，加入薑蔥末、醬油、鹽1小匙，按順時針方向用力攪拌至出筋。

❺ 豬絞肉混合白菜絲，攪拌均勻，做成餃子餡。

❻ 將醒好的麵團擀成餃子皮。

❼ 備好餃子餡和餃子皮，包成餃子煮熟即可。

烹飪訣竅

❶ 選用最常見的大白菜，去掉葉子，採用菜梗的部分。葉子水分多，口感不脆爽。

❷ 白菜絲加入香油調味，可以豐富口感。

猪肉白菜是最傳統的餃子餡。「百菜不如白菜」，用白菜製作餡料、包成餃子，既能補充身體所需的能量，也能提供足夠的維生素和膳食纖維，是非常親民又實在的一道主食。

開胃飽腹又好消化的主食

酸菜豬肉水餃

60分鐘　中等

主食材

高筋麵粉300克 | 豬絞肉300克
酸菜500克 | 雞蛋1顆

副食材

大蔥1根 | 薑末10克 | 料理米酒1小匙
醬油1小匙 | 鹽1小匙
十三香粉1小匙

★你需要掌握的技巧

和麵的方法　見012頁
手擀類麵皮的做法　見014頁
如何包餃子　見020頁

做法

❶ 用高筋麵粉製作麵團，醒半小時。

❷ 大蔥洗淨、切成蔥末；酸菜洗淨雜質，擠乾水分，切成細絲備用。

❸ 將豬絞肉放入盆中，加入雞蛋、料理米酒、醬油，順時針方向用力攪拌至出筋。

❹ 在豬絞肉中加入酸菜絲、蔥末、薑末、鹽、十三香粉，拌勻，做成餃子餡，靜置備用。

❺ 將醒好的麵團擀成餃子皮。

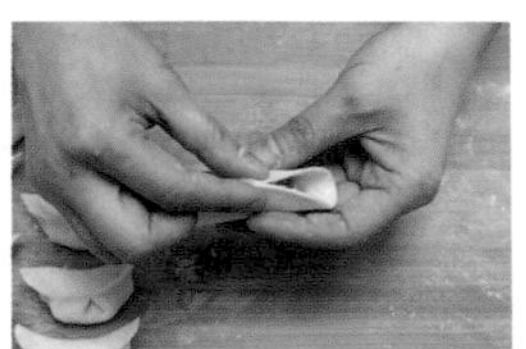

❻ 把餃子餡、餃子皮包成餃子煮熟即可。

烹飪訣竅

❶ 不同的酸菜所含鹽分不同，可根據實際情況添加餃子餡的鹽分。

❷ 酸菜切得越細越好。

鮮香多汁的勁道美味

三鮮蒸餃

80分鐘　中等

加入蝦仁調出的海鮮味，使得豬肉餡更為鮮甜味美，脆嫩的竹筍片使蒸餃的口感層次更豐富，蒸製的烹飪方式讓餃子皮更加富有嚼勁，更加入味。

主食材

高筋麵粉300克 | 豬絞肉200克
鮮蝦仁100克 | 竹筍100克

副食材

料理米酒1小匙 | 醬油1小匙
鹽1小匙 | 白胡椒粉0.5小匙
蔥花30克

★你需要掌握的技巧

和麵的方法　見012頁
手擀類麵皮的做法　見014頁
如何包餃子　見020頁

做法

❶ 用高筋麵粉製作麵團，醒半小時。

❷ 竹筍切成碎末備用。

❸ 豬絞肉放入盆中，放入蝦仁、竹筍攪拌均勻。

❹ 放入所有副食材，順時針方向用力攪拌均勻，做成三鮮餃子餡。

❺ 擀好餃子皮，放上餃子餡，包成餃子。

❻ 蒸鍋內加入清水煮滾，籠盤中墊好蒸籠布，將餃子整齊擺好，大火蒸15分鐘即可。

烹飪訣竅

❶ 還可以根據個人口味選用香菇、木耳、胡蘿蔔等入餡。

❷ 如果不喜歡吃蒸餃，也可以直接用水煮，或採用煎炸等方式。

蛋餃是煮火鍋不可或缺的要角，即使在物質豐富的當下，仍深受大眾喜愛。用食材本身最純粹的味道成就經典美食，口感鮮香、營養豐富。

席上不可缺少的經典美味

蛋餃

40分鐘  中等

主食材

雞蛋5顆 | 豬絞肉300克

副食材

料理米酒1小匙 | 醬油1小匙 | 鹽3克
白胡椒粉3克 | 蔥花10克
植物油適量

做法

❶ 豬絞肉加入1顆雞蛋、放入料理米酒、醬油、鹽、白胡椒粉和蔥花，順時針方向用力攪拌至出筋，做成蛋餃餡備用。

❷ 剩下4顆雞蛋打散成蛋液。

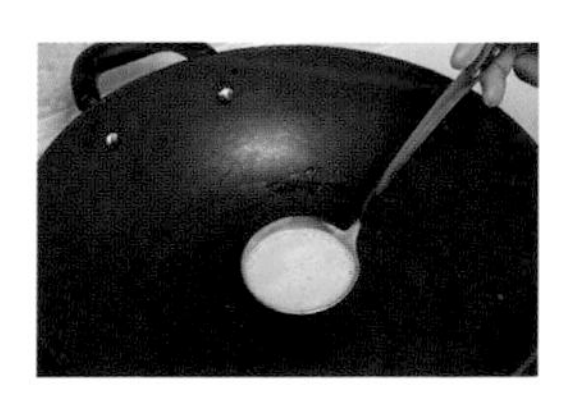

❸ 平底鍋加熱，刷上一層薄薄的植物油，倒入適量蛋液，小火煎至蛋皮凝固。

❹ 在蛋皮的一邊放入一匙蛋餃餡，用鍋鏟將蛋皮對摺，邊緣處一定要黏緊，再用小火煎至蛋皮金黃即可。

烹飪訣竅

❶ 豬肉餡的蛋餃是最基本的做法，也是最大眾的做法。可以根據自己的喜好，參考餃子餡、包子餡的搭配，做出其他口味的蛋餃。

❷ 吃不完的蛋餃放入冰箱冷凍，吃時再解凍，很方便。

鹹香酥脆的粵式茶點

廣式鹹水餃

60分鐘　 高級

這是一款廣東地區具有代表性的茶點，油炸過的糯米麵皮香酥有嚼勁，鹹口的餡料極富特色，油脂豐盈、鹹香開胃。

主食材

糯米粉300克 | 豬前腿肉300克
小蝦米乾50克 | 蘿蔔乾30克

副食材

細砂糖40克 | 醬油1小匙
料理米酒1小匙 | 鹽適量
蔥花少許 | 植物油適量

做法

❶ 糯米粉加細砂糖、水，用手揉成光滑、不沾手的麵團備用。

❷ 蘿蔔乾用溫水浸泡2小時以上，變軟，擠乾水分，切成碎末備用。

❸ 豬肉剁成肉泥，加入小蝦米乾、蘿蔔乾、醬油、料理米酒、鹽、蔥花，用力攪拌至出筋備用。

❹ 揉好的糯米團搓成小圓球，按扁後，包入適量的豬肉餡，做成鹹水餃備用。

❺ 鍋內倒入植物油加熱，放入鹹水餃，轉中小火，慢慢將鹹水餃炸至金黃即可。

烹飪訣竅

❶ 糯米粉的吸水性不強，在揉糯米團時，一定要慢慢加水，邊加邊揉麵團，以免水過多、麵團稀軟。糯米團不需長時間揉搓，只需要水分和麵粉均勻混合成麵團即可。

❷ 選擇豬前腿肉，肥瘦三七比例的為佳。

暖心暖胃的家常美食

香菇豬肉小餛飩

60分鐘　中等

★你需要掌握的技巧

餛飩皮的做法　見017頁
如何包餛飩　見021頁

主食材

餛飩皮250克 | 豬絞肉500克
新鮮香菇100克

副食材

鹽6克 | 白胡椒粉6克 | 料理米酒1小匙
醬油1小匙 | 香油1小匙 | 香蔥碎少許

做法

❶ 新鮮香菇洗淨、去蒂，切成碎末備用。

❷ 豬絞肉放入盆中，加入香菇、4克鹽、料理米酒、醬油、4克白胡椒粉，用力攪拌至出筋，做成餛飩餡備用。

❸ 按照P21包餛飩的做法，把餛飩包成自己喜歡的形狀。

❹ 鍋中倒入清水煮滾，放入餛飩煮熟。

❺ 取一個湯碗，倒入香油、2克鹽、煮餛飩的清湯攪拌均勻。

❻ 將煮好的餛飩盛出至湯碗中，撒上2克胡椒粉、香蔥碎即可。

烹飪訣竅

❶ 湯碗內的湯可以用煮餛飩的清湯，也可以用高湯。

❷ 餛飩不但可以煮，也可以炸著吃。

❸ 可根據自己的口味添加酌料，如辣椒醬、陳醋等。

餛飩的花樣繁多，大江南北各有特色。小餛飩皮薄餡嫩，撒胡椒粉的湯底十分暖胃。香菇豬肉餡是一種家常餡料，鮮香味美，老少皆宜。

彷佛置身於春天的田野

薺菜豬肉餛飩

60分鐘　中等

★你需要掌握的技巧

餛飩皮的做法　見017頁
如何包餛飩　見021頁

主食材

餛飩皮250克 | 豬絞肉300克
新鮮薺菜300克

副食材

鹽6克 | 香油1小匙 | 香菜少許

做法

❶ 新鮮薺菜洗淨、切碎；香菜洗淨後切成碎末備用。

❷ 豬絞肉放入盆中，加入薺菜、4克鹽、用力攪拌至出筋，做成餛飩餡備用。

❸ 按照P21包餛飩的做法，把餛飩包成自己喜歡的形狀。

❹ 鍋中倒入清水煮滾，放入餛飩煮熟。

❺ 取一個湯碗，倒入香油、2克鹽、煮餛飩的清湯攪拌均勻。

❻ 將煮好的餛飩盛入湯碗中，撒上香菜末即可。

烹飪訣竅

❶ 不喜歡吃香菜的，可以用蔥花代替。

❷ 可以撒上胡椒粉、辣椒油、醋等自己喜歡的調味料。

春天才有的薺菜，搭配豬肉做成餡料，清甜爽口，具有時令性。這個季節吃餛飩，可以將餡料中的青菜替換成薺菜，畢竟錯過又要等一年了。

南方經典的早餐主食

糯米豬肉燒賣

130分鐘 高級

★你需要掌握的技巧

和麵的方法 見012頁
手擀類麵皮的做法 見014頁
如何包包子 見021頁

主食材

高筋麵粉300克 | 糯米250克
五花肉200克

副食材

蔥花10克 | 薑末10克 | 醬油1大匙
植物油1大匙 | 鹽1小匙

做法

❶ 糯米提前一晚用清水浸泡（最少提前浸泡3小時）；五花肉去皮，剁成肉泥。

❷ 蒸鍋內倒入清水煮滾，將糯米倒入蒸籠布，放入蒸鍋裡大火蒸35分鐘左右，盛出備用。

❸ 高筋麵粉用溫水和麵，醒30分鐘。

❹ 鍋內倒入植物油燒熱，倒入薑末炒香，放入肉泥，翻炒至油脂呈現金黃色、香氣冒出。

❺ 在肉泥中加入蒸好的糯米，混合均勻，加入蔥花、醬油、鹽，翻炒均勻，做成燒賣餡。

❻ 將醒好的麵團用擀麵棍擀成薄薄的麵皮。

❼ 用包包子的手法，將燒賣餡包入麵皮中，整齊有間距地擺放在蒸鍋裡。

❽ 蒸鍋內放入清水，大火煮滾，放入燒賣，蒸10分鐘左右即可。

烹飪訣竅

❶ 燒賣的皮要比餃子皮更薄，這樣蒸出來的燒賣才會呈現少許透明，能看到肉餡的模樣。

❷ 這是最基本的糯米燒賣的做法，也可以根據自己的喜好添加一些蔬菜，如胡蘿蔔絲、木耳絲、玉米粒、香菇末等。

這道糯米燒賣是經典的鹹香口味，五花肉的油脂浸透在香糯有嚼勁的糯米中，香濃飽足，能極大地滿足人體對碳水化合物、蛋白質等營養的需求，做為早點最適合不過。

韭菜豬肉鍋貼

90分鐘　中等

★你需要掌握的技巧

和麵的方法　見012頁

主食材

麵粉100克 | 豬前腿肉200克
韭菜200克

副食材

鹽3克 | 香油1小匙 | 植物油適量
太白粉1小匙

做法

❶ 麵粉用溫水和麵，醒30分鐘。

❷ 豬肉去皮，剁成肉泥；韭菜洗淨後切碎備用。

❸ 將豬肉、韭菜放入一個玻璃碗中混合均勻，加入香油、鹽，順時針方向用力攪拌至出筋，做成鍋貼餡。

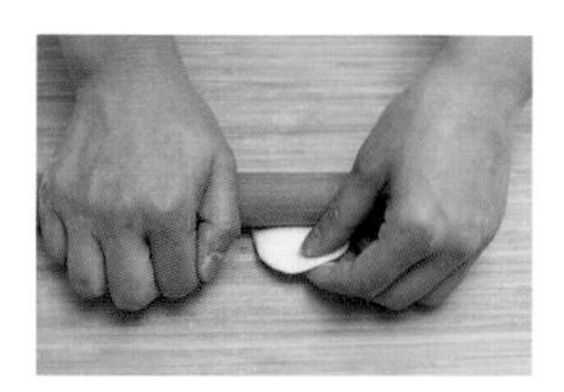

❹ 將麵團分割成小份，擀成鍋貼皮。

❺ 鍋貼皮中心放入餡料，鍋貼皮對摺，中間部分捏緊，鍋貼兩端透氣露餡，不用封口。

❻ 在平底鍋底部刷上一層植物油，把鍋貼緊挨著擺入鍋底，轉小火煎出焦底。

❼ 將太白粉用少量清水稀釋，做成太白粉水，淋在鍋貼上。

❽ 蓋上鍋蓋，小火煎到鍋底水分蒸發、形成脆底即可。

烹飪訣竅

❶ 豬前腿肉要購買肥瘦參半的，有豐富的油脂，煎出來的鍋貼更香。

❷ 太白粉水一定要用小火煎乾，才能形成焦脆的鍋貼底。

韭菜富含膳食纖維和維生素，柔韌爽口，搭配豬肉是非常經典的餡料做法，包上餡料的麵皮煎炸後、外酥內嫩，香氣撲鼻。

香濃酥脆，餡料細膩

滷肉燒餅

120分鐘 高級

★你需要掌握的技巧

發酵麵團的做法 見013頁
如何做燒餅 見022頁

主食材

高筋麵粉300克 | 五花肉300克
高麗菜200克 | 雞蛋1顆

副食材

酵母粉6克 | 細砂糖9克 | 八角2顆 | 桂皮5克
月桂葉3片 | 料理米酒1大匙 | 濃醬油1大匙
醬油1大匙 | 冰糖20克 | 鹽5克 | 植物油1大匙
蒜蓉20克 | 薑末10克 | 蔥花10克

做法

❶ 麵粉加入雞蛋、酵母粉、細砂糖、清水，揉成麵團進行發酵。

❷ 五花肉切成丁，放入滾水中汆燙2分鐘，瀝乾水分備用。

❸ 鍋內倒入植物油燒熱，加入冰糖，小火炒化，加入蔥薑蒜炒香，放入五花肉，大火炒至變色，加入1500毫升清水。

❹ 在鍋內放入八角、桂皮、月桂葉，再依次加入料理米酒、醬油、濃醬油、鹽混合均勻，蓋上鍋蓋，水滾後轉中火慢燉1小時左右，至五花肉完全酥爛。

❺ 燉肉時製作燒餅。

❻ 盛出滷好的五花肉，放涼後剁成肉餡；高麗菜洗淨，切成細絲。

❼ 將烤好的燒餅從中間切開一個口，放入高麗菜絲和適量的肉餡即可。

烹飪訣竅

❶ 麵粉可以用溫水發麵，更加勁道。

❷ 可以根據自己的喜好增減滷肉的時間，喜歡吃有嚼勁的，縮短熬煮時間即可。

❸ 搭配高麗菜絲是為了葷素搭配、解膩爽口，也可以搭配其他自己喜歡的蔬菜，如生菜或燙熟的菠菜等。

發酵後的麵團經過烤製後，做成香噴噴的燒餅，酥脆香濃，夾上五花肉和香料做成的肉餡，入口即化的細膩口感，讓人一吃難忘。

金黃焦香、外酥內嫩的傳統小吃

老北京褡褳火燒

90分鐘　中等

★你需要掌握的技巧

和麵的方法　見012頁

主食材

麵粉200克 | 豬絞肉200克 | 櫛瓜1條

副食材

鹽5克 | 料理米酒1大匙 | 植物油1大匙 | 香油1小匙
薑末10克 | 白胡椒粉1小匙

做法

❶ 將麵粉加清水，揉成麵團，醒30分鐘。

❷ 櫛瓜洗淨後刨成絲，撒上3克鹽抓勻，醃製10分鐘，擠乾水分（櫛瓜汁保留備用）。

❸ 豬絞肉加入香油、2克鹽、料理米酒、薑末、白胡椒粉攪拌均勻。

❹ 倒入櫛瓜絲與櫛瓜汁。

❺ 將醒好的麵團分成小份，壓成片後用擀麵棍擀成麵皮。

❻ 將餡料放入麵皮下方，由下往上捲起來，兩側按壓一下，做成褡褳火燒。

❼ 平底鍋倒入植物油加熱，將做好的褡褳火燒三個一組放入鍋中，小火煎至兩面金黃即可。

烹飪訣竅

❶ 用櫛瓜汁來攪拌肉餡，可保留櫛瓜的原汁原味，營養也更豐富。

❷ 豬肉也可以換成牛羊肉，喜歡吃辣椒的可以放點辣椒進行調味。

❸ 褡褳火燒與鍋貼的區別：褡褳火燒是全程油煎，而鍋貼中途需要加一次太白粉水。

褡褳火燒不封口，類似古代褡褳包袱，故而得名。褡褳火燒色澤金黃、焦香四溢、外酥內嫩，是一道傳統的麵點美食。

酥脆可口的北方傳統主食

京都肉餅

120分鐘　中等

★你需要掌握的技巧

和麵的方法　見012頁
如何做燒餅　見022頁

主食材

高筋麵粉300克 | 豬絞肉300克
乾香菇5朵

副食材

蔥末10克 | 薑末10克 | 料理米酒1小匙
醬油1小匙 | 鹽1小匙 | 植物油適量

做法

❶ 將麵粉加清水揉成麵團，醒30分鐘。

❷ 乾香菇用溫水泡至微軟，洗淨，再用少量溫水泡發至全軟。

❸ 泡好的香菇去蒂，切成末，保留香菇水備用。

❹ 豬絞肉放入盆中，加入香菇末、香菇水、蔥薑末、料理米酒、醬油、鹽，順時針方向用力攪拌至出筋，做成肉餡備用。

❺ 將醒好的麵團分割成每份60克的大小，擀成圓形的薄麵皮，麵皮切一刀，延伸至圓心。

❻ 將肉餡均勻鋪滿麵皮的3/4，從麵皮的切口處對摺，最後整個圓餅疊成一個多層的三角形，將收口捏緊。

❼ 平底鍋倒入植物油加熱，放入肉餅，中火煎至定形。

❽ 倒入50毫升清水，蓋上鍋蓋，悶煎至水乾，繼續小火煎至肉餅兩面金黃即可。

烹飪訣竅

❶ 豬絞肉選擇用肥瘦相間的豬前腿肉製作為宜。

❷ 泡好的香菇水香氣濃郁，用來攪拌肉餡，可使肉餡更加香濃。

❸ 可以用其他蔬菜代替香菇，如櫛瓜、胡蘿蔔、木耳、菇類等。

肉餅的麵皮經過熱油煎炸後，層層疊疊、酥脆可口，夾著鮮美的香菇和濃香的豬肉，十分香酥入味。

能代表陝西麵食的美味

紅燒肉夾饃

120分鐘　中等

★你需要掌握的技巧

發酵麵團的做法　見013頁

主食材

高筋麵粉300克 | 五花肉200克
青辣椒100克

副食材

酵母粉3克 | 細砂糖9克 | 鹽1小匙
蒜蓉10克 | 醬油1小匙 | 植物油適量

做法

❶ 麵粉加入酵母粉、細砂糖、清水，揉成麵團進行發酵。

❷ 五花肉切成小丁，青辣椒洗淨、切碎。

❸ 鍋內放入植物油燒熱，放入蒜蓉炒香，倒入五花肉翻炒至變色，加入青辣椒翻炒。

❹ 沿著鍋邊淋入醬油，撒入鹽，翻炒至五花肉油脂香濃，盛出備用。

❺ 發好的麵團充分揉搓，排出麵團的空氣，分割成小份，揉成圓球，輕輕壓扁，繼續醒發20分鐘。

❻ 煎餅機加熱，倒入植物油，將醒好的麵團放入鍋底，選擇烙餅功能，做成燒餅。

❼ 將燒餅從中間切開，夾入炒好的五花肉餡即可，趁熱吃。

烹飪訣竅

肉夾饃的基礎做法都一樣，不同的是所夾的餡料。可以將任何自己喜歡吃的菜夾在饃裡，甚至是吃不完的剩菜，加熱之後配上饃，也可以一掃而空。

肥瘦相間的五花肉搭配鮮辣的青椒，炒出的肉餡香辣可口、肉脂豐盈。發酵好的麵團烤出酥軟的饃餅，開胃飽足，是極為有名的陝西傳統麵食。

鮮美柔嫩的淮陽名菜

清蒸獅子頭

70分鐘　中等

主食材

豬肉（肥瘦三七比）200克 | 雞蛋1顆
荸薺50克 | 香菇5朵 | 油菜2棵

副食材

生薑10克 | 鹽1小匙 | 料理米酒1小匙 | 太白粉1小匙
白胡椒粉1小匙 | 雞粉少許

做法

❶ 荸薺、生薑洗淨，去皮；香菇洗淨、去蒂，一起剁成細末，攪拌均勻，做成配菜餡料。如果是乾香菇，需要提前泡發。

❷ 豬肉剁成肉糜，加入配菜餡料，混合均勻做成肉餡。

❸ 肉餡中加入鹽、料理米酒、太白粉和雞粉，打入雞蛋，朝同一方向用力攪拌至出筋。

❹ 將拌好的肉餡用手分別塑形成大顆的肉丸子。

❺ 油菜洗淨，將大片葉子鋪在盤子上，做好的獅子頭放在葉片上。

❻ 蒸鍋內水煮滾，放入盤子，用中火隔水蒸40分鐘。

❼ 打開鍋蓋，將油菜心放入獅子頭周圍，改小火蒸5分鐘。

❽ 取出盤子，撒上白胡椒粉即可。

烹飪訣竅

❶ 不放水的獅子頭，清蒸出來會有少量湯汁，如果喜歡喝湯，可以在上鍋前在碗內加入適量清水。

❷ 避免購買純瘦肉，做這道菜需要少量油脂，這樣獅子頭吃起來口感才更為鬆軟香濃。

淮揚的傳統名菜獅子頭，因為肉球大而圓，霸氣形似獅子頭而得名。肥瘦相間的肉糜加上爽口脆甜的荸薺，使得獅子頭肥而不膩、鬆軟可口，是老少咸宜的一道營養美食。

裹上麵糊、經過油炸處理的茄子外殼金黃酥脆，茄肉細滑鮮嫩，混合豬肉的濃香，口感層次豐富，讓人食慾大增。一個個飽滿的茄盒，擺入盤中整齊好看，是一道顏值和口味都一級棒的美食。

整齊清爽又好吃

蔥香豬肉茄盒

40分鐘 中等

主食材

豬絞肉100克 | 紫皮大茄子1條
麵粉50克

副食材

蔥花20克 | 鹽0.5小匙
料理米酒1小匙 | 醬油1小匙
植物油適量

做法

❶ 豬絞肉加入蔥花、鹽、料理米酒、醬油，順時針方向攪拌至出筋，做成餡。

❷ 麵粉加入少量清水攪拌均勻，形成麵糊。

❸ 紫皮大茄子去蒂，洗淨，去皮，斜刀切成三指厚的塊狀。

❹ 每塊茄子中間劃一刀，填滿肉餡。

❺ 將填好餡料的茄子放入麵糊中打滾，均勻裹上麵糊。

❻ 鍋內倒入足量的植物油燒熱，放入茄夾，中火炸至熟透即可。

烹飪訣竅

❶ 用植物油炸透的茄盒，味道很香，如果想採用更健康少油的吃法，可以使用煎餅機，刷上一層油加熱，放入茄夾，用烙餅的功能製作即可。

❷ 豬肉也可用其他肉類代替，舉一反三，做成其他口味的茄盒。

讓孩子愛吃肉的健康膳食

珍珠肉丸

60分鐘　中等

珍珠肉丸晶瑩雪白，非常適合擺盤造型。富有嚼勁的糯米裹著鬆軟香濃的豬肉餡，外彈內嫩，口感豐富，肉汁豐美，十分受孩子們的歡迎。

主食材

豬瘦肉250克 | 糯米100克 | 雞蛋1顆

副食材

蒜蓉1小匙 | 薑末1小匙 | 鹽1小匙
香油1小匙 | 蔥花少許

做法

❶ 糯米提前一晚上用清水浸泡，或提前5小時浸泡，泡好的糯米瀝乾水分。

❷ 豬肉剁成肉糜，打入雞蛋，拌上蒜蓉、薑末、鹽、香油，往同一方向拌勻，靜置備用。

❸ 將拌好的肉餡捏成小球，放入糯米碗裡打滾，均勻裹上糯米。

❹ 糯米球擺入盤中，每個之間有所間隔，以免糯米蒸熟後膨脹，黏在一起。

❺ 蒸鍋內水煮滾，放入菜盤，蓋上鍋蓋，大火蒸25分鐘左右，至糯米晶瑩剔透，香氣四溢。

❻ 在蒸好的珍珠丸子上撒上蔥花裝飾即可。

烹飪訣竅

❶ 糯米的形狀分為長形和圓形，珍珠丸子適合採用長形的糯米，黏性更強。圓形的糯米更適合包粽子或做湯圓等。

❷ 豬瘦肉可以略帶一點肥肉，稍微帶些油脂，能讓糯米蒸出來更香。

酸甜開胃的西餐小吃

茄汁瑞典肉丸

70分鐘　高級

主食材

豬肉末200克 | 牛肉末200克 | 番茄200克
洋蔥50克 | 雞蛋1顆 | 麵包糠50克

副食材

奶油10克 | 橄欖油1大匙 | 鹽2小匙
黑胡椒粉1小匙 | 番茄醬1大匙 | 羅勒碎少許

做法

❶ 番茄洗淨，劃出刀口，放入滾水中燙至番茄皮翻卷，拿出稍微冷卻後，撕掉番茄表皮，切成小塊備用。

❷ 洋蔥洗淨後切成末；鍋內放入10克奶油，加熱融化後，放入洋蔥炒香備用。

❸ 豬肉末、牛肉末放入盆中，加入洋蔥、1小匙鹽、雞蛋、黑胡椒粉、麵包糠，用力攪拌均勻。

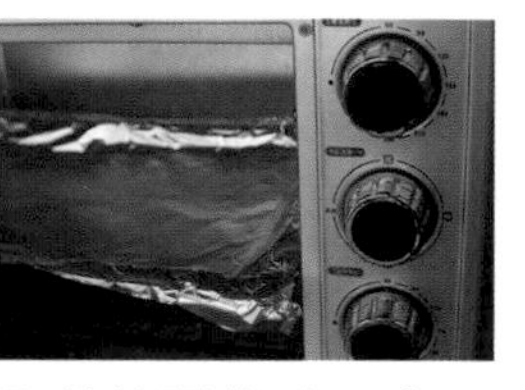

❹ 烤箱預熱至180℃，烤盤墊上一層錫箔紙。

❺ 將肉餡放入手掌心，從虎口擠出肉丸形狀，整齊擺在烤盤上，烤箱轉上下火180℃ 烤20分鐘。

❻ 鍋內倒入橄欖油加熱，倒入番茄塊，加入1小匙鹽，翻炒至番茄滲汁，加入1碗清水淹過番茄，加入適量肉丸，中火悶煮3分鐘。

❼ 在番茄湯中加入番茄醬，拌勻收汁，撒上少許羅勒碎即可。

烹飪訣竅

❶ 奶油是西餐濃郁香味的關鍵來源，如果要做出風味十足的瑞典肉丸，奶油不可替換。

❷ 沒有烤箱的朋友，可以用平底鍋刷上奶油，小火煎熟。

❸ 吃不完的肉丸放入冰箱冷凍，下次吃的時候直接烹煮即可。

這是一款異域特色美食，用奶油炒香的洋蔥混合豬肉做成的肉餡，濃香撲鼻。番茄熬煮的湯汁滲入肉丸後，酸甜可口，開胃又飽足，是孩子們喜歡的美食。

造型可愛、健康營養

香菇蒸肉餅

50分鐘　中等

主食材

豬肉150克 | 鮮香菇8朵

副食材

醬油1小匙 | 鹽0.5小匙 | 太白粉1小匙
蔥花少許 | 胡椒粉少許

做法

❶ 香菇洗淨、去蒂，留下3朵完整的，其餘切末。

❷ 豬肉剁成肉糜，加入香菇末、醬油、鹽、太白粉，順時針方向用力攪拌均勻。

❸ 做好的肉餡捏成小球，壓成小餅狀，均勻鋪在盤中。

❹ 將完整的香菇擺在肉餅中間。

❺ 蒸鍋內水煮滾，放入菜盤，大火蒸15分鐘至香菇熟透、香味散發開來。

❻ 蒸好的香菇肉餅撒上胡椒粉調味，再加入蔥花點綴即可。

烹飪訣竅

如果是乾香菇，則需要提前浸泡至充分泡發，再進行烹飪。

新鮮的香菇肉質豐美肥厚，清甜多汁。蘑菇鮮美的湯汁融入肉餅當中，使得肉餅鮮美鬆軟，湯汁馥郁，是老少皆宜、造型精緻的美食。

連湯汁都無法捨棄的下飯菜

荷包丸子

90分鐘　高級

主食材

豬肉250克 | 胡蘿蔔1根 | 乾木耳10克
油麵筋8個

副食材

蔥花10克 | 薑末10克 | 蒜蓉10克 | 料理米酒1小匙
醬油1小匙 | 鹽1小匙 | 香油1小匙 | 太白粉1小匙
紅燒汁1大匙 | 植物油適量

做法

❶ 豬肉剁成肉泥，加入薑末、料理米酒、鹽，順時針方向用力攪拌至出筋，靜置備用。

❷ 乾木耳用溫水泡發，洗淨、切碎；胡蘿蔔洗淨、切碎。

❸ 切好的配菜放入肉餡中，加入醬油、香油攪拌均勻，做成肉餡。

❹ 油麵筋用筷子戳一個洞，用手指將麵筋裡面壓空，將做好的肉餡塞進去，塞滿為止。

❺ 鍋內倒入植物油燒熱，倒入蒜蓉炒香，將麵筋洞口的一面鋪在鍋底，小火煎至定形。

❻ 鍋內加入紅燒汁，與麵筋混合均勻，加入開水，淹過麵筋，小火悶20分鐘左右。

❼ 太白粉加少量清水調成太白粉水，倒入鍋中勾芡，撒上蔥花即可。

烹飪訣竅

❶ 購買肥瘦參半的豬肉，比如前腿肉，豐富的油脂可以讓油麵筋更香。

❷ 可以加一些綠花椰菜、菜心，燙熟後，用於擺盤造型。

這是一道肉香滿溢、湯汁濃郁的下飯菜。種類豐富的配菜和豬絞肉攪拌而成的肉餡，不但營養豐富，而且鮮香濃郁。油麵筋香酥的外皮在經過悶煮後，變得柔韌有勁，十分入味。

與虎皮尖椒不同，填滿香菇肉餡後再煎製的青椒，不論是味覺和口感都更加豐富，而且肉餡能中和辣椒的辣度，適合喜歡吃辣又怕辣的人。

香辣開胃的下飯菜

豬肉釀青椒

70分鐘　中等

主食材

豬絞肉300克 | 大青椒5個
乾香菇4朵

副食材

薑末10克 | 蔥末10克 | 淡醬油1小匙
醬油2小匙 | 太白粉1小匙 | 鹽1小匙
植物油1大匙

做法

❶ 乾香菇用溫水浸泡至軟，洗淨、去蒂，切成碎末；青椒洗淨、去蒂，一邊用刀切開一條裂縫備用。

❷ 將豬絞肉和香菇混合，放入蔥薑末、淡醬油、1小匙醬油、鹽，順時針用力攪拌至出筋。

❸ 將拌好的豬肉餡塞入青椒裡。

❹ 平底鍋倒入植物油，熱鍋冷油，放入青椒，小火煎至青椒出現虎皮紋，盛出備用。

❺ 太白粉倒入碗中，加入少許冷開水、1小匙醬油，攪拌至溶化。

❻ 平底鍋加熱，倒入太白粉水，煮至黏稠，淋在青椒上即可。

烹飪訣竅

❶ 選用粗大、肉厚的大青椒，不會太辣，也容易灌餡。

❷ 煎青椒時要用小火慢煎，否則容易焦黑。

Chapter 2
牛羊海鮮

Delicious Chinese **Pastry**

香濃勁道、增強體質

牛肉蘿蔔包

180分鐘　中等

★你需要掌握的技巧

發酵麵團的做法　見013頁
如何包包子　見021頁

主食材

高筋麵粉300克 | 牛肉300克
白蘿蔔300克

副食材

酵母粉3克 | 細砂糖9克 | 薑末10克 | 蔥末10克
料理米酒1小匙 | 醬油1小匙 | 鹽2小匙 | 香油1大匙

做法

❶ 麵粉加入酵母粉、細砂糖、清水，揉成麵團進行發酵。

❷ 白蘿蔔洗淨後刨絲，放1小匙鹽，用手抓勻，醃製10分鐘，擠乾水分備用。

❸ 牛肉剁成肉泥，加入白蘿蔔絲、蔥薑末、料理米酒、醬油、1小匙鹽、香油，順時針方向用力攪拌至出筋，做成牛肉餡，靜置備用。

❹ 將發酵好的麵團分割成大小均勻的麵團，用擀麵棍擀成麵皮。

❺ 取肉餡包成包子，整齊有間距地擺在蒸盤上，繼續醒發20分鐘左右。

❻ 蒸鍋放入清水，擺上蒸盤，大火蒸20分鐘，關火後，蓋上蓋子悶3分鐘左右即可。

烹飪訣竅

❶ 白蘿蔔也可以換成胡蘿蔔，胡蘿蔔的水分少，不需要加鹽醃製。

❷ 喜歡吃辣的可以在調味料中加入一些辣椒粉。

白蘿蔔清甜多汁，牛肉勁道香濃、營養豐富。葷素搭配的餡料配上麵皮，是一道強身健體、營養全面的主食。

秋冬季節溫補身體

蔥爆羊肉包

180分鐘　高級

★你需要掌握的技巧

發酵麵團的做法　見013頁
如何包包子　見021頁

主食材

高筋麵粉300克 | 羊腿肉300克
大蔥1根

副食材

酵母粉3克 | 細砂糖9克 | 花椒粉1茶匙
五香粉1小匙 | 料理米酒1大匙 | 醬油1大匙
鹽1小匙 | 蒜蓉20克 | 薑末20克 | 植物油1大匙

做法

❶ 麵粉加入酵母粉、細砂糖、清水，揉成麵團進行發酵。

❷ 大蔥洗淨，切成細絲；羊肉剁成肉泥，用花椒粉、五香粉、料理米酒醃製30分鐘。

❸ 鍋內倒入植物油燒熱，倒入蒜蓉、薑末翻炒出香味。

❹ 放進大蔥翻炒1分鐘，加入羊肉，大火翻炒。

❺ 沿著鍋邊倒入醬油、撒上鹽，翻炒至熟，做成羊肉餡，盛出備用。

❻ 將發酵好的麵團分割成大小均勻的麵團，用擀麵棍擀成麵皮。

❼ 取肉餡包成包子，整齊有間距地擺在蒸鍋上，繼續醒發20分鐘左右。

❽ 蒸鍋放入清水，大火蒸20分鐘，關火後，蓋上蓋子悶3分鐘左右即可。

烹飪訣竅

餡料內可以根據自己的口味放入孜然粉、辣椒粉等進行調味。

羊肉溫補滋潤，用香料醃製後，與大蔥爆炒，帶來濃郁的香氣。在秋冬季節吃上一頓羊肉餡的包子，鮮香濃郁，飽足感十足，帶來一天滿滿的元氣。

皮薄餡大又多汁的脆底包子

蝦仁生煎包

180分鐘　高級

★你需要掌握的技巧

發酵麵團的做法　見013頁

如何包包子　見021頁

主食材

高筋麵粉300克 | 蝦仁150克
豬絞肉150克 | 黑芝麻30克

副食材

酵母粉3克 | 細砂糖19克 | 蔥花50克 | 薑末10克
豬皮凍50克 | 鹽1小匙 | 醬油1小匙 | 雞粉0.5小匙
植物油適量 | 太白粉1大匙

做法

❶ 麵粉加入酵母粉、9克細砂糖、清水，揉成麵團進行發酵。

❷ 蝦仁剁成蓉，豬皮凍切成小丁備用。

❸ 蝦蓉和豬絞肉放入盆中，加入一半蔥花、薑末、鹽、醬油、雞粉、10克細砂糖，朝同一方向用力攪拌至出筋，拌入豬皮凍丁混合均勻，冷藏備用。

❹ 將發酵好的麵團分割成大小均勻的麵團，用擀麵棍擀成麵皮，取肉餡包成包子。

❺ 平底鍋倒入植物油加熱，把做好的包子收口朝下整齊排好，在包子表面刷上一層植物油，均勻撒上黑芝麻，蓋上鍋蓋，中火煎至包子底部焦黃。

❻ 取小碗清水，撒上1湯匙太白粉，攪拌均勻，淋入鍋中，水位淹至包子的一半。

❼ 中火悶至鍋中水分快收乾時，撒上剩餘蔥花，大火繼續悶1分鐘即可。

烹飪訣竅

❶ 在平底鍋中擺放包子時，不要靠得太近，包子在煎的時候會膨脹。

❷ 這道食譜是經典的生煎包做法，可以根據自己的喜好，做出不同餡料的生煎包。

❸ 餡料內加入一些細砂糖可以引出鮮味，如果不習慣，可以不加。

撒著黑芝麻的可愛麵皮，包著彈牙鮮美的蝦仁豬肉餡，皮薄餡大，湯汁豐美，還有煎的香脆金黃的包子底，一口咬下去，帶來莫大的美食享受。

中外馳名的中式麵點

蟹粉小籠包

⌛ 150分鐘　高級

★你需要掌握的技巧

發酵麵團的做法　見013頁
如何包包子　見021頁

主食材

高筋麵粉300克 | 螃蟹1000克
豬絞肉300克

副食材

酵母粉3克 | 細砂糖9克 | 生薑汁50毫升
料理米酒30毫升 | 醬油2大匙 | 鹽1小匙 | 植物油少許

做法

❶ 在高筋麵粉中加入酵母粉、細砂糖，製作麵團，靜置醒發。

❷ 螃蟹綁好繩子，洗刷乾淨，大火蒸15分鐘至熟，取出蟹肉備用。

❸ 蟹肉加入生薑汁，用手攪拌均勻（用手捏，可以檢查是否殘留螃蟹碎殼）。

❹ 豬絞肉放入盆中，順時針方向用力攪拌至出筋。

❺ 將蟹肉和豬絞肉放入盆中，加入料理米酒、醬油、鹽拌勻，如果感覺太乾，可以適當加些清水。

❻ 將醒好的麵團做成麵皮，表皮刷上少許植物油，包成包子。

❼ 蒸鍋放入清水，墊上蒸籠布，將包子間隔開，整齊擺在蒸鍋內。

❽ 大火蒸10分鐘即可。

烹飪訣竅

❶ 注意蟹蓋翻面的蟹胃要摘掉，因為太寒，不宜食用。用剪刀剪開蟹腿兩端，用擀麵棍來回滾動，將蟹腿肉擠出來。

❷ 蟹肉中放入生薑汁可以驅寒。

❸ 麵皮刷上油後更有Q勁。

蟹粉是產於秋季的高級食材，和豬絞肉攪拌好做成餡料，包在晶瑩剔透的小籠包裡，皮薄餡大，濃香撲鼻，是時令性極強的特色小吃。

只能在秋季享受的美食

蟹黃燒賣

130分鐘　高級

★你需要掌握的技巧

和麵的方法　見012頁
手擀類麵皮的做法　見014頁
如何包包子　見021頁

主食材

高筋麵粉300克 | 豬絞肉250克
螃蟹2隻

副食材

薑末20克 | 醬油1大匙
植物油1大匙 | 鹽1小匙

做法

❶ 螃蟹綁好繩子，洗刷乾淨，大火蒸熟，取出蟹肉備用。

❷ 豬絞肉加入醬油、植物油、鹽，順時針方向用力攪拌至出筋。

❸ 拌好的豬絞肉加入蟹肉、薑末，攪拌均勻，做成蟹黃肉餡備用。

❹ 高筋麵粉用溫水和麵，醒30分鐘。

❺ 將醒好的麵團用擀麵棍擀成薄薄的麵皮。

❻ 用包包子的手法將蟹黃餡包入麵皮中，整齊有間距地擺放在蒸鍋裡。

❼ 蒸鍋內放入清水，大火煮滾，放入燒賣，蒸10分鐘左右即可。

烹飪訣竅

❶ 蟹肉性寒，加上薑末可以驅寒。

❷ 可以根據自己的喜好調整豬絞肉和蟹肉的比例。

與糯米燒賣相比，蟹黃燒賣更加注重口感。它採用了時令性的高級食材，製作過程中關鍵在於蟹肉的提取。剛出鍋的蟹黃燒賣鮮美香濃，是秋季不可多得的一道美食。

粵式早茶的代表美食

水晶蝦餃皇

90分鐘　高級

★你需要掌握的技巧

發酵麵團的做法　見013頁
手擀類麵皮的做法　見014頁
如何包餃子　見020頁

主食材

澄粉100克 | 太白粉30克 | 蝦仁50克
豬五花肉50克

副食材

植物油1大匙 | 蔥花20克 | 料理米酒2小匙
薑末2小匙 | 鹽1小匙 | 醬油1小匙

做法

❶ 澄粉和太白粉混合均匀，將開水慢慢分次倒入，用筷子迅速攪拌均匀。

❷ 加入植物油，用手將麵團揉捏均勻至光滑，包上保鮮膜備用（參見P11食材篇「水晶皮」）。

❸ 蝦仁加入1小匙料理米酒、1小匙薑末，醃製15分鐘。

❹ 五花肉剁成肉糜，加入1小匙料理米酒、1小匙薑末、醬油、鹽、蔥花，用力攪拌至出筋。

❺ 麵團分割成均勻的小的麵團，擀成餃皮。

❻ 餃皮包入豬肉餡，中間放一個蝦仁，用包餃子的手法包成形。

❼ 蒸鍋內水煮滾，放入蝦餃，大火蒸15分鐘即可。

烹飪訣竅

❶ 澄粉是製作蝦餃皮的關鍵，不可以替換。

❷ 喜歡吃蝦仁的，可以減少或不放五花肉，根據自己的喜好增加蝦仁的分量。

❸ 市售的冷凍蝦仁可以讓操作更為快速方便，也可以用新鮮大蝦洗淨，去頭尾、蝦線，做成新鮮的蝦仁，味道更好。

晶瑩剔透的麵皮，入口軟滑柔韌，包裹著鮮嫩的蝦仁，香糯鮮甜，新鮮爽口，是廣東地區的早茶特色點心之一。

好看好吃、健康低脂

蘆筍鮮蝦餃

60分鐘　中等

★你需要掌握的技巧

手擀類麵皮的做法　見014頁

如何包餃子　見020頁

主食材

澄粉100克 | 太白粉30克 | 蝦仁100克
蘆筍100克

副食材

植物油1大匙 | 料理米酒1小匙
薑末1茶匙 | 鹽1小匙

做法

❶ 澄粉和太白粉混合均勻，將開水分次慢慢倒入，用筷子迅速拌勻，加入植物油，用手將麵團揉捏均勻至光滑，包上保鮮膜備用。

❷ 蝦仁切成小塊；蘆筍洗淨，切成碎丁備用。

❸ 將蝦仁、蘆筍放入盆中，加入料理米酒、薑末、鹽，攪拌均勻。

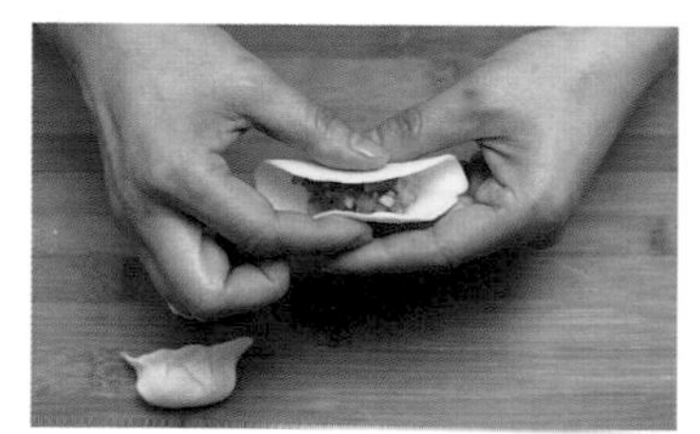

❹ 將麵團分割成均勻的小麵團，擀成餃皮，放入餡料，包成餃子。

❺ 蒸鍋內水煮滾，放入蝦餃，大火蒸15分鐘即可。

烹飪訣竅

❶ 最好採用新鮮的大蝦，去殼取肉烹製，味道更鮮美。

❷ 蘆筍是時令蔬菜，如果沒有，也可以用玉米粒、青豆、胡蘿蔔丁等蔬菜代替。

嫩綠的蘆筍配上紅嫩的蝦仁，被包裹在半透明的餃子皮當中，色澤分外誘人。而富含膳食纖維的蘆筍和高蛋白的蝦仁，也使得這道美食的營養十分均衡。

鮮美的菇類非常適合與其他食材搭配組合，做成餡料。肉質醇厚的香菇與爽口彈牙的蝦仁，更進一步提升了鮮美的口感。

鮮美多汁、爽口彈牙

香菇蝦仁餃

60分鐘　中等

主食材

高筋麵粉300克 | 蝦仁300克
香菇200克

副食材

鹽1小匙 | 料理米酒1小匙
醬油1小匙 | 薑末10克

★你需要掌握的技巧

和麵的方法　見012頁
手擀類麵皮的做法　見014頁
如何包餃子　見020頁

做法

❶ 將麵粉揉成麵團，醒半小時。

❷ 香菇洗淨、去蒂，切成碎末。

❸ 蝦仁和香菇末放入盆中，加入鹽、料理米酒、醬油、薑末，混合均勻，製成餃子餡。

❹ 將醒好的麵團擀成餃子皮。

❺ 備好餃子餡和餃子皮，包成餃子煮熟即可。

烹飪訣竅

保留完整的蝦仁，吃起來口感更為滿足，如果蝦仁太大，可以切小塊。

爽口多汁、溫補養生

白蘿蔔羊肉水餃

60分鐘　中等

蘿蔔和羊肉，是秋季滋補的好搭檔。清甜爽口的蘿蔔能中和肉類帶來的肥膩感，在溫補的同時，不會給腸胃帶來負擔。

主食材

高筋麵粉300克 | 羊前腿肉250克
白蘿蔔500克

副食材

薑末10克 | 蔥末10克
料理米酒1小匙 | 醬油1小匙
花椒粉1小匙 | 鹽2小匙 | 香油1大匙

★你需要掌握的技巧

和麵的方法　見012頁
手擀類麵皮的做法　見014頁
如何包餃子　見020頁

做法

❶ 將麵粉揉成麵團，醒半小時。

❷ 白蘿蔔洗淨，刨絲，放1小匙鹽抓勻，醃製10分鐘，擠乾水分備用。

❸ 羊肉剁成肉泥，加入白蘿蔔絲、蔥薑末、料理米酒、醬油、花椒粉、香油、1茶匙鹽，順時針方向用力攪拌至出筋，做成餃子餡。

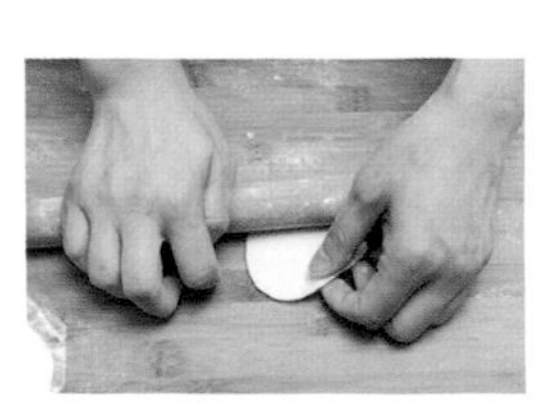

❹ 將醒好的麵團擀成餃子皮。

❺ 備好餃子餡和餃子皮，包成餃子煮熟即可。

烹飪訣竅

喜歡吃辣的可以在和餡時加入辣椒粉等提味。

這是一道做法簡單、營養豐富的家常主食。熱氣騰騰的湯中，浸泡著彈牙爽口的蝦仁餛飩，暖心又暖胃。

營養豐富、清甜彈牙

蝦仁大餛飩

60分鐘　中等

主食材

餛飩皮20張 | 蝦仁20隻
豬絞肉150克

副食材

香油1大匙 | 料理米酒2小匙
醬油1小匙 | 薑末1小匙
白胡椒粉1小匙 | 鹽7克 | 香菜碎少許

★你需要掌握的技巧

餛飩皮的做法　見017頁
如何包餛飩　見021頁

做法

❶ 豬絞肉放入盆中，加入1小匙料理米酒、1小匙鹽、醬油、白胡椒粉，順時針方向用力攪拌至出筋，靜置備用。

❷ 蝦仁中倒入1小匙料理米酒、薑末，攪拌均勻，醃製20分鐘，瀝乾水分備用。

❸ 將每個餛飩皮包入豬肉餡和1隻大蝦仁。

❹ 鍋內清水煮滾，放入餛飩煮熟。

❺ 取一個湯碗，倒入香油、2克鹽、煮餛飩的清湯攪拌均勻。

❻ 將煮好的餛飩盛入湯碗中，撒上香菜碎即可。

烹飪訣竅

❶ 新鮮蝦子需要去殼、挑去蝦線，取出蝦仁備用。市售冷凍蝦仁則須解凍後使用。

❷ 可以根據自己的口味在煮好的餛飩中加入蔥花、辣椒、醋等調味。

鮮香開胃、打開一天的味蕾

蔥香牛肉小餛飩

60分鐘　中等

牛肉富含蛋白質，能增強體質，提高身體的免疫力。白胡椒粉和大蔥提升了餡料的辛辣口感，開胃又飽足，口感層次更加豐富。

主食材

餛飩皮250克 | 牛肉300克 | 大蔥1根

副食材

鹽6克 | 白胡椒粉6克
料理米酒1小匙 | 醬油1小匙
香油1小匙 | 香蔥末少許

★你需要掌握的技巧

餛飩皮的做法　見017頁
如何包餛飩　見021頁

做法

❶ 大蔥洗淨，切成碎末。

❷ 牛肉剁成肉泥，放入盆中，加入大蔥末，4克鹽、料理米酒、醬油、4克白胡椒粉，用力攪拌至出筋，備用。

❸ 把餛飩包成自己喜歡的形狀。

❹ 鍋內清水煮滾，放入餛飩煮熟。

❺ 取一個湯碗，倒入香油、2克鹽、煮餛飩的清湯攪拌均勻。

❻ 將煮好的餛飩盛入湯碗中，撒上剩餘的白胡椒粉、香蔥末即可。

烹飪訣竅

如果不喜歡吃香蔥，可以換成香菜末。

麻辣爽口的開胃小吃

香辣牛肉鍋貼

90分鐘 中等

★你需要掌握的技巧

和麵的方法 見012頁

主食材

麵粉100克 | 牛肉300克

副食材

鹽1小匙 | 蔥末10克 | 薑末10克 | 乾辣椒粉2小匙
花椒粉0.5小匙 | 香油1小匙 | 植物油適量
太白粉1小匙

做法

❶ 麵粉用溫水和麵，醒30分鐘。

❷ 牛肉剁成肉泥，加入鹽、蔥薑末、辣椒粉、花椒粉、香油，順時針方向攪拌至出筋，做成餡料備用。

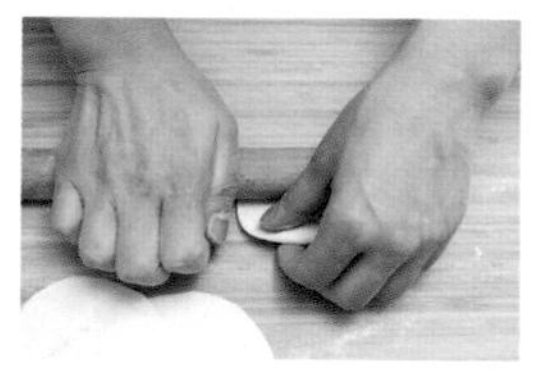

❸ 將麵團分割成小份，擀成鍋貼皮。

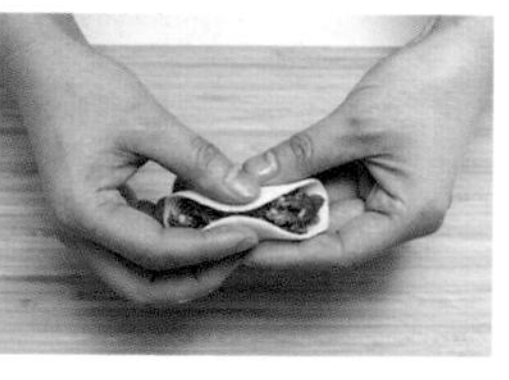

❹ 鍋貼皮中心放入餡料，鍋貼皮對摺，中間部分捏緊，鍋貼兩端不用封口，露出餡料。

❺ 在平底鍋底部刷上一層植物油，把鍋貼緊挨著擺入鍋底，轉小火煎出焦底。

❻ 將太白粉用少量清水稀釋，做成太白粉水，淋在鍋貼上。

❼ 蓋上鍋蓋，小火煎到鍋底水分蒸發、形成脆底即可。

烹飪訣竅

可以根據個人喜好，適當增減辣椒粉的用量。

花椒和辣椒的加入，讓這道香脆可口的牛肉鍋貼變得麻辣開胃，越吃越想吃。

金黃焦脆、溫補健體

香蔥羊肉鍋貼

90分鐘　中等

★你需要掌握的技巧

和麵的方法　見012頁

主食材

麵粉100克 | 羊前腿肉300克
大蔥1根

副食材

鹽1小匙 | 料理米酒1小匙 | 醬油1小匙
薑末10克 | 香油1小匙 | 植物油適量
太白粉1小匙 | 花椒粉0.5小匙 | 五香粉0.5小匙

做法

❶ 麵粉用溫水和麵，醒30分鐘。

❷ 大蔥洗淨，切成碎末。

❸ 羊肉剁成肉泥，加入大蔥末、鹽、料理米酒、醬油、薑末、香油、花椒粉、五香粉，順時針方向攪拌至出筋，做成餡料備用。

❹ 將麵團分割成小份，擀成鍋貼皮。

❺ 鍋貼皮中心放入餡料，對摺，中間部分捏緊，鍋貼兩端不用封口，露出餡料。

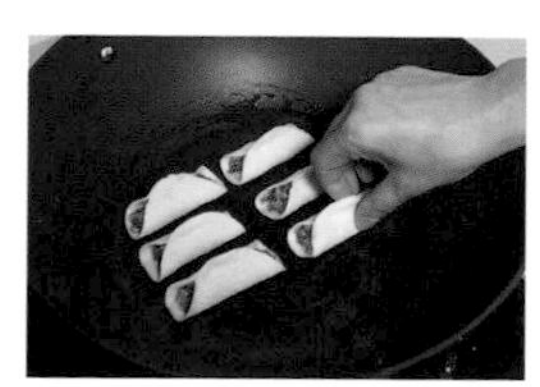

❻ 在平底鍋底部刷上一層植物油，把鍋貼緊挨著擺入鍋底，轉小火煎出焦底。

❼ 將太白粉用少量清水稀釋，做成太白粉水，淋在鍋貼上。

❽ 蓋上鍋蓋，小火煎到鍋底水分蒸發、形成脆底即可。

烹飪訣竅

羊肉略有腥膻味，需要薑末、花椒粉加以調味去腥。

鍋貼金黃焦脆的表皮帶來酥脆的口感，包裹著滋滋冒著油的羊肉內餡，外酥內嫩，營養豐富，滋補健體。

香脆可口的護眼美食

胡蘿蔔牛肉褡褳火燒

60分鐘　中等

★你需要掌握的技巧

和麵的方法　見012頁

主食材

麵粉200克|牛肉200克|胡蘿蔔1根

副食材

鹽1小匙|料理米酒1小匙|香油1小匙
薑末10克|白椒粉1小匙|植物油1大匙

做法

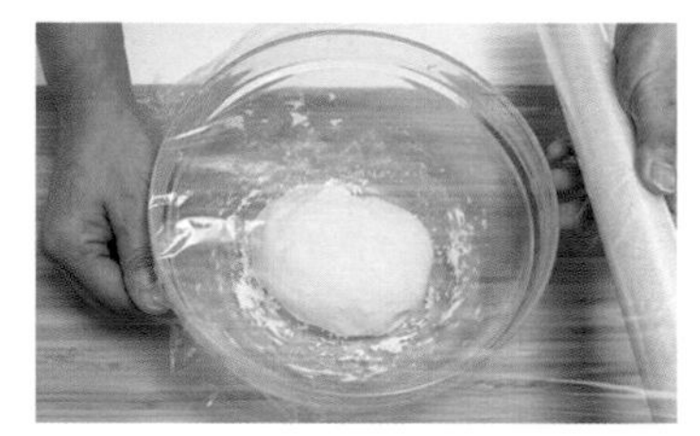

❶ 將麵粉加清水揉成麵團，醒30分鐘。

❷ 胡蘿蔔洗淨後切碎備用。

❸ 牛肉剁成肉泥，加入胡蘿蔔、香油、鹽、料理米酒、薑末、白胡椒粉，用力攪拌至出筋，做成餡料備用。

❹ 將醒好的麵團分成小份，壓成片後用擀麵棍擀成麵皮。

❺ 將餡料放入麵皮下端，由下往上捲起來，兩端按壓一下，做成褡褳火燒。

❻ 平底鍋倒入植物油加熱，將做好的褡褳火燒三個一組放入鍋中，小火煎至兩面金黃即可。

烹飪訣竅

❶ 牛肉也可以和其他蔬菜搭配，如大蔥、筍丁等，舉一反三做成其他口味的褡褳火燒。

❷ 喜歡吃辣的可以在餡料內加入辣椒粉或其他增加辣味的調味料。

胡蘿蔔含有豐富的胡蘿蔔素，有明目護眼的食療功效。搭配牛肉做成餡料，烤成金黃酥脆、香甜鬆軟的褡褳火燒，非常適合長期用眼過度的人和小朋友食用。

椒鹽做成的油酥使得麵餅更為鹹香美味，一口咬下去，香麻入味，齒頰留香。加入富有嚼勁的牛肉餡，開胃又飽足，讓你大快朵頤。

椒麻爽口又開胃

椒鹽牛肉餅

180分鐘　中等

主食材

麵粉330克 | 牛肉100克 | 雞蛋1顆

副食材

細砂糖9克 | 酵母粉3克 | 鹽4克
花椒粉10克 | 料理米酒1小匙
醬油1小匙 | 植物油適量

★你需要掌握的技巧

發酵麵團的做法　見012頁

做法

❶ 雞蛋打入300克麵粉中，倒入溫水、細砂糖、酵母粉和麵，進行發酵。

❷ 油鍋燒熱，放入30克麵粉、花椒粉，炒至麵粉發黃時關火，加2克鹽拌勻，盛出放涼。

❸ 牛肉剁成肉泥，加入2克鹽、料理米酒、醬油，順時針方向攪拌至出筋，備用。

❹ 將發酵好的麵團分成小份，用擀麵棍擀成薄薄的麵皮。

❺ 在麵皮上均勻抹上一層椒鹽油酥，再抹上一層牛肉餡，然後將麵皮從下到上緊緊捲起來，兩頭捏緊封口。

❻ 將肉餅蓋上保鮮膜，醒發30分鐘，再輕按成餅狀。煎餅機預熱，底部刷一層植物油，放入肉餅，選擇烙餅功能即可。

烹飪訣竅

❶ 炒製椒鹽油酥時，一定要注意火候，小火不停翻炒，寧可生一點，也不能炒糊了，因為還會再進行烘烤。

❷ 牛肉可以用豬肉、羊肉替換，做成其他風味的餡餅。

滿屋飄香的肉類主食

洋蔥羊肉餡餅

180分鐘　中等

主食材

麵粉300克 | 羊肉200克 | 洋蔥200克

副食材

細砂糖9克 | 酵母粉3克 | 鹽4克
蒜蓉20克 | 薑末10克
料理米酒1小匙 | 醬油1小匙
植物油適量

★你需要掌握的技巧

發酵麵團的做法　見013頁
如何包餡餅　見022頁

做法

❶ 麵粉中加入細砂糖、酵母粉，再加入適量溫水和麵，揉成麵團進行發酵。

❷ 羊肉剁成肉泥；洋蔥洗淨，切成碎末備用。

❸ 油鍋燒熱，倒入蒜蓉、薑末、洋蔥末中火炒香，放入羊肉炒至變色。

❹ 沿著鍋邊淋入醬油、料理米酒翻炒，加入鹽，將餡料炒熟，盛出備用。

❺ 將發酵好的麵團包上餡料，做成餡餅，繼續醒發30分鐘左右。

❻ 煎餅機預熱，刷上一層植物油，放入羊肉餡餅，烙至兩面金黃熟透即可。

烹飪訣竅

❶ 如果沒有煎餅機，可以用平底鍋刷上一層油，放入餡餅，小火煎至兩面金黃即可。

❷ 洋蔥可以用大蔥替換。

把烤肉的香氣包在其中

孜然羊肉肉夾饃

180分鐘　中等

★你需要掌握的技巧

發酵麵團的做法　見013頁

主食材

高筋麵粉300克 | 羊前腿肉200克
生菜適量

副食材

酵母粉3克 | 細砂糖9克 | 孜然粉10克
蒜蓉10克 | 花椒粉0.5小匙 | 鹽0.5小匙
料理米酒1小匙 | 醬油1小匙
白芝麻10克 | 植物油適量

做法

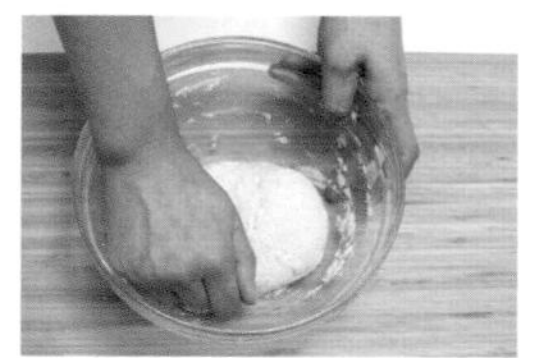

❶ 麵粉加入酵母粉、細砂糖、清水，揉成麵團進行發酵。

❷ 羊肉切成細長條，用料理米酒、醬油拌勻，醃製20分鐘，瀝乾多餘水分備用。

❸ 鍋內放入植物油燒熱，放入蒜蓉炒香，倒入醃製好的羊肉，大火翻炒至變色。

❹ 撒上鹽、花椒粉、孜然粉，翻炒均勻，至羊肉炒熟。

❺ 炒好的羊肉放在砧板上，用刀略微切碎，撒上白芝麻備用。

❻ 發好的麵團充分揉搓，排出麵團的空氣，分割成小份，揉成圓球，輕輕壓扁，繼續醒發20分鐘。

❼ 煎餅機加熱，倒入植物油，將醒好的麵團放入鍋底，選擇烙餅相關功能，做成燒餅。

❽ 將燒餅從中間切開，夾上洗淨的生菜、適量的孜然羊肉餡即可。

烹飪訣竅

❶ 羊肉切成細長條，方便醃製和爆炒，口感更香。如果剁成肉泥再炒，餡料會很鬆散。

❷ 羊肉可以加入青椒、辣椒等調味。

理氣開胃、香味濃郁的孜然，撒在肥瘦適宜的羊腿肉上，肉脂豐美、香味撲鼻，令人食指大動，配上外殼酥脆、鬆軟可口的肉夾饃，更是讓人垂涎三尺。

強身健體的海邊特色小吃

蚵仔煎

40分鐘 中等

主食材

生蚵肉250克 | 雞蛋2顆
地瓜粉100克

副食材

細香蔥20克 | 鹽1小匙
白胡椒粉少量 | 植物油適量

做法

❶ 生蚵肉洗淨，瀝乾水分備用；細香蔥洗淨，切成蔥花。

❷ 雞蛋放入盆中打散，放入地瓜粉攪拌均勻。

❸ 在攪拌好的麵糊中加入生蚵、蔥花、鹽、白胡椒粉，拌勻備用。

❹ 平底鍋加熱，倒入植物油，用湯匙將麵糊攤到平底鍋中，中小火煎至兩面金黃即可。

烹飪訣竅

❶ 煎生蚵時，植物油要放足夠，因為地瓜粉非常吸油，油少了會沾鍋。

❷ 煎蚵仔的時間不要太久，麵糊熟了即可，以免蚵仔煎老、口感不嫩。

❸ 吃的時候可以淋上番茄醬或泰式甜辣醬等，味道更豐富。

外酥內嫩的精緻美食

牛肉炸藕盒

80分鐘　中等

新鮮的蓮藕鮮甜、脆嫩、爽口，在裹上麵糊油炸後，口感更為柔和綿軟，外殼酥嫩、蓮藕粉糯、內餡鬆軟鮮美，是一款造型特別、營養豐富的精緻美食。

主食材

蓮藕2節 | 牛肉150克 | 麵粉50克

副食材

鹽0.5小匙 | 五香粉0.5小匙
料理米酒1小匙 | 醬油1小匙
香油1小匙 | 薑末1小匙 | 植物油適量

做法

❶ 蓮藕洗淨、削皮，去掉藕節，切成兩指厚的藕塊，藕塊中間剖開一刀，但不割斷，形成開口的形狀。

❷ 牛肉剁成肉泥，放入盆中，加入所有的副食材（除植物油外），順時針方向用力攪拌至出筋，做成肉餡備用。

❸ 麵粉加入少量清水，調成可以稍微流動的麵糊。

❹ 將調好的肉餡塞入蓮藕塊的夾縫中，再放入麵糊中打滾，裹上一層麵糊。

❺ 鍋內倒入植物油加熱，將裹好麵糊的藕夾放入油中，中小火煎炸至兩面金黃香酥即可。

烹飪訣竅

❶ 牛肉的油脂相對較少，加入香油攪拌可以鎖住肉中的油脂和水分，吃起來口感香嫩。

❷ 牛肉可以用豬肉、羊肉等替換，也可以根據個人的口味加入辣椒、花椒等調味料。

富有內涵的高顏值美食

白玉牛肉盅

60分鐘 中等

主食材

白蘿蔔500克 | 牛里肌肉200克

副食材

火腿30克 | 太白粉1小匙 | 料理米酒1小匙
醬油1小匙 | 薑末少許 | 鹽0.5小匙
白胡椒粉0.5小匙 | 蔥花少許

做法

❶ 牛肉剁成肉末，加入鹽、醬油、料理米酒、薑末拌勻，做成餡料。

❷ 火腿切成小丁備用。

❸ 白蘿蔔洗淨、去皮，切成圓段，用大圓模具切出整齊的圓形。

❹ 再用小圓模具取出白蘿蔔心。

❺ 把做好的肉餡填滿到蘿蔔裡，擺入盤中。

❻ 蒸鍋內水煮滾，大火將蘿蔔蒸10分鐘，取出。

❼ 太白粉和清水以1：2的比例拌勻，倒入鍋中，攪拌均勻，撒入白胡椒粉、火腿丁，大火煮滾，形成濃稠的湯汁。

❽ 將湯汁均勻淋在蘿蔔盅上，撒上蔥花即可。

烹飪訣竅

❶ 模具在網上可以購買，是蒸菜常用的工具。準備兩個大小差別較大的模具，以免白蘿蔔盅太薄。

❷ 火腿是為了視覺上的搭配，因此只需少量、切小丁即可。

潔白晶瑩的白蘿蔔中包著若隱若現的牛肉餡，加入胡椒粉調味的湯汁鮮美開胃，營養豐富，造型漂亮，不論是做為家常菜還是宴客菜，都非常合適。

辛香開胃的高蛋白料理

五香牛肉釀豆腐

60分鐘 中等

主食材

牛肉末200克 | 豆腐400克 | 乾香菇5朵

副食材

鹽1小匙 | 五香粉0.5小匙 | 香油1小匙
太白粉1小匙 | 醬油1大匙 | 植物油適量
蔥花少許

做法

❶ 豆腐放入淡鹽水中（2克鹽）浸泡20分鐘，撈出，瀝乾水分備用。

❷ 香菇用溫水浸泡至軟，清洗乾淨，去蒂，切成碎末備用。

❸ 牛肉末加入香菇末、3克鹽、五香粉、香油，順時針方向用力攪拌至出筋，靜置備用。

❹ 豆腐分割成半個掌心大小的豆腐塊，用湯匙在中心挖出一個洞（保留底部），將肉餡填入洞中。

❺ 鍋中倒入植物油加熱，中火將豆腐煎至兩面金黃。

❻ 鍋中倒入250毫升清水，中火煮至湯汁濃稠收汁。

❼ 太白粉加入少許清水、醬油，混合均勻，調成太白粉水。

❽ 將太白粉水倒入鍋中勾芡，撒上蔥花即可。

烹飪訣竅

❶ 選用板豆腐，嫩豆腐容易破碎，不好煎炸。

❷ 豆腐用鹽水浸泡，可以去除豆腥味。

❸ 可將煎炸的烹飪方式改為清蒸，其他步驟相同。

❹ 煎豆腐時用中小火，煎至一面定形後，再小心翻面，動作要輕柔，避免破碎。

豆腐和牛肉都是富含蛋白質的食材，低脂肪高營養，是非常健康的食材。五香粉和牛肉末調製出來的餡料，香味濃郁，誘人食慾，鬆軟的肉餡配上細膩柔滑的豆腐，美味多汁，健康飽足。

鮮美的補鈣高手

紫菜蝦滑湯

40分鐘 簡單

主食材

蝦仁200克 | 乾紫菜1片 | 雞蛋1顆

副食材

鹽1.5小匙 | 雞粉0.5小匙 | 薑片5克
蔥花5克 | 植物油1小匙

做法

❶ 用湯匙將雞蛋的蛋黃、蛋白分離，蛋黃打散成蛋液。

❷ 紫菜用清水洗淨，瀝乾水分備用。

❸ 蝦仁剁成蝦蓉，加入蛋白，0.5小匙鹽、雞粉，順時針方向攪拌至出筋，放冰箱冷藏備用。

❹ 鍋內倒入植物油，放入薑片炒香，倒入一碗清水煮開。

❺ 將蝦蓉取出，用掌心虎口擠出蝦丸，邊做邊放入湯中，煮至蝦丸浮起。

❻ 湯內放入紫菜、1小匙鹽，攪拌均勻，煮至水滾，撒上蔥花即可。

烹飪訣竅

❶ 可購買新鮮大蝦，去殼，取出蝦仁後剔除蝦線。市售冷凍蝦仁則常溫解凍後再烹煮。

❷ 可以用高湯熬製的海帶湯做為湯底，替換紫菜，做成海帶蝦滑湯。

吃法無限的健康食材

炸龍利魚丸

40分鐘　簡單

主食材

龍利魚柳300克 | 雞蛋1顆

副食材

鹽1小匙 | 料理米酒1小匙
雞粉0.5小匙 | 太白粉1大匙
蔥花適量 | 植物油適量

龍利魚肉質鮮嫩、含有豐富的蛋白質和優質的不飽和脂肪酸，對眼睛特別有益，而且熱量極低，是非常優質的肉類。經過油炸之後，香酥可口，可以直接吃、下火鍋，也可以加上其他配料舉一反三，進行烹製。

做法

❶ 龍利魚柳解凍；雞蛋打散成蛋液。

❷ 將龍利魚柳剁成細蓉，加入蔥花、蛋液、太白粉、鹽、料理米酒、雞粉，攪拌均勻。

❸ 將攪拌好的魚肉餡擠成大小均勻的丸子。

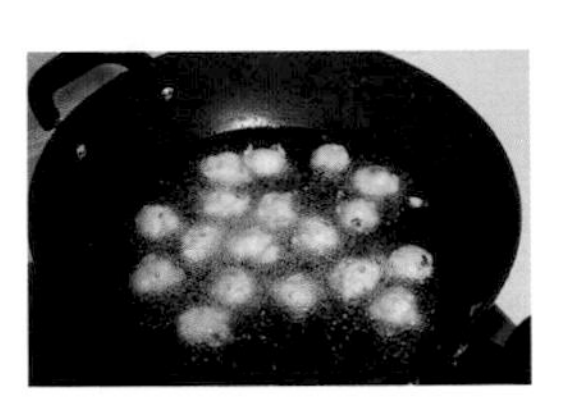

❹ 鍋內倒入植物油燒熱，將丸子放入油鍋，中小火炸至金黃即可。

烹飪訣竅

❶ 根據魚肉餡的水分含量，增減太白粉的用量，以不沾手、可以成形為準。

❷ 炸後剩下的油，可以倒入番茄醬或其他喜歡的醬料，翻炒一下，加入炸好的魚丸翻炒拌勻，就是另一道菜了。

這是一道營養均衡、健康低脂、口感清爽的菜。牛肉和香菇的湯汁融合後，鮮美清甜。富含蛋白質的肉類與富含維生素和膳食纖維的菇類搭配，不管是口感還是營養，甚至擺盤造型都非常完美。

清爽健康的增肌大餐

清蒸牛肉丸

50分鐘　中等

主食材

牛肉250克 | 香菇10朵 | 雞蛋1顆

副食材

鹽1小匙 | 雞粉0.5小匙 | 香油1小匙
醬油1小匙 | 太白粉1小匙 | 蔥花少許

做法

❶ 牛肉剁成肉泥，加入打散的蛋液、鹽，順時針方向用力攪拌至出筋。

❷ 牛肉餡加入雞粉、蔥花、香油攪拌均勻，捏成每個約25克的肉丸。

❸ 香菇洗淨、去蒂，鋪在盤底（去蒂那一面朝上），牛肉丸擺在香菇上，一個香菇上擺一個。

❹ 蒸鍋內倒入清水煮滾，將牛肉丸放入蒸籠，大火蒸15分鐘。

❺ 太白粉和醬油攪拌均勻，做成芡汁。

❻ 將牛肉丸的湯汁倒入鍋內加熱，倒入芡汁勾芡，將湯汁淋在蒸好的牛肉丸上即可。

烹飪訣竅

也可以用番茄等能做為容器的瓜果替換香菇。

開胃消食又飽足的小點心

陳皮牛肉球

60分鐘 中等

陳皮有開胃化滯的功效。脆爽的荸薺、鮮美彈牙的牛肉，加上陳皮調味，經過蒸製之後，清爽香甜、異香撲鼻，是餐桌上一道經典的美食。

主食材

牛肉250克 | 肥豬肉50克 | 荸薺50克

副食材

陳皮10克 | 香菜末10克
料理米酒1小匙 | 鹽1小匙
雞粉0.5小匙 | 太白粉適量

做法

❶ 荸薺削皮，切碎末；陳皮用溫水泡軟，切成碎末。

❷ 牛肉、肥豬肉各自剁成肉泥，越細越好。

❸ 牛肉加入料理米酒、鹽、雞粉，順時針方向用力攪拌至出筋。

❹ 在牛肉餡中加入豬肉泥、荸薺末、香菜末、陳皮末攪拌均勻。

❺ 根據餡料水分的多寡，增加太白粉進行攪拌，擠成大小均勻的肉丸子，擺在盤中。

❻ 蒸鍋內清水煮滾，放入盤子，大火蒸15分鐘即可。

烹飪訣竅

❶ 牛肉的脂肪含量較低，加入一些肥豬肉可以增添風味，激發出陳皮鮮香的味道。

❷ 荸薺可以帶給牛肉丸脆爽的口感，中和豬肉的油膩，也可以用新鮮蘆筍代替。

鮮嫩彈牙、營養豐富

鱈魚鮮蝦堡

30分鐘　簡單

主食材

市售漢堡麵包1個 | 鱈魚100克 | 蝦仁30克
雞蛋1顆 | 生菜2片

副食材

鹽0.5小匙 | 白胡椒粉0.5小匙
番茄醬10毫升 | 太白粉10克
麵包糠適量 | 植物油適量

做法

❶ 鱈魚剔除骨刺，和蝦仁一起剁成肉泥。

❷ 將雞蛋的蛋白、蛋黃分離，蛋黃打散成蛋液備用。

❸ 魚蝦餡加入蛋白、太白粉、鹽、白胡椒粉，順時針方向用力攪拌至出筋，捏成一個肉餅。

❹ 肉餅壓扁，沾上蛋黃液，裹上麵包糠。

❺ 鍋內倒入植物油，中火燒熱，放入裹好麵包糠的肉餅，炸至兩面金黃。

❻ 將炸好的鱈魚蝦肉餅擺在漢堡中間，放上生菜，擠上番茄醬即可。

烹飪訣竅

❶ 魚蝦餡如果太稀不成形，可增加太白粉，以手抓成肉丸形狀為準。

❷ 可以根據自己的口味，將番茄醬換成千島醬、青芥醬等。

❸ 可以加上自己喜歡的蔬菜，如小黃瓜、番茄等。

魚、蝦和雞蛋富含蛋白質，加上含有維生素的生菜和碳水化合物的漢堡麵包，是一道營養非常均衡的西式主食。

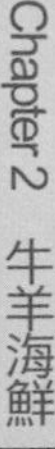

這是一款改良版的西式主食，帶有濃濃的四川風味。簡單易做、豪華大氣、椒麻鮮香、營養豐富，好吃又飽足。

霸氣的四川風味漢堡

藤椒牛肉漢堡

30分鐘　簡單

主食材

市售漢堡麵包1個 | 牛肉100克
雞蛋1顆 | 生菜2片 | 起司片1片

副食材

藤椒1小匙 | 鹽0.5小匙 | 奶油20克

做法

❶ 牛肉剁成肉泥，加入蛋液、藤椒、鹽，順時針方向用力攪拌至出筋，捏成肉餅。

❷ 平底鍋放入奶油加熱至融化，放入牛肉團，輕輕壓扁。

❸ 小火煎至牛肉餅一面定形，翻面再煎，至兩面熟透。

❹ 漢堡麵包打開，放上起司片，趁熱將牛肉餅放在起司片上，用高溫讓起司片融化。

❺ 鋪上生菜，蓋上漢堡即可。

烹飪訣竅

❶ 可根據自己的喜好，夾入煎蛋、培根等食材。

❷ 淋上千島醬、香辣醬等市售調味料，口味會更加豐富。這裡只是教大家基本的肉餅做法，你可以舉一反三，靈活運用。

Chapter 3
素餡

Delicious Chinese **Pastry**

春天使者的禮物

香椿豆腐小籠包

200分鐘　中等

★你需要掌握的技巧

發酵麵團的做法　見013頁

如何包包子　見021頁

主食材

板豆腐300克 | 香椿150克 | 麵粉500克

副食材

酵母粉5克 | 細砂糖15克

蔥花20克 | 薑末10克 | 辣椒油10毫升

香油10毫升 | 植物油20毫升 | 鹽1小匙

雞粉1小匙 | 五香粉0.5小匙

做法

❶ 將麵粉、酵母粉、細砂糖放入盆中，加入溫水，製作好麵團後進行發酵。

❷ 板豆腐切大塊，放入滾水中，加2克鹽，汆燙2分鐘以去除豆腥味，撈出瀝水，放涼備用。

❸ 香椿洗淨後放入滾水中燙軟，撈出，擠乾水分，切成碎末備用。

❹ 豆腐和香椿放入盆中，依次加入所有副食材，輕輕攪拌，避免用力過大使豆腐呈水狀。

❺ 餡料靜置30分鐘，醃製入味。

❻ 將做好的餡料包成包子，繼續發酵15分鐘。

❼ 蒸鍋放入清水，鋪上蒸籠布，將包子整齊擺入，注意保持間隔，以免包子膨脹後黏在一起。

❽ 大火蒸20分鐘，關火後，蓋上蓋子悶3分鐘左右即可。

烹飪訣竅

❶ 香椿是時令美食。若沒有新鮮香椿，可以用市售香椿罐頭代替，也可以用其他蔬菜代替，如韭菜、蘑菇等即可。

❷ 不喜歡吃辣的，可以去除辣椒油這一項。

香椿含有濃郁獨特的香氣，因為嘗味期極短而顯得珍貴。清爽的豆腐和濃郁的香椿融合得恰到好處，做成包子餡，一出鍋就香氣撲鼻，滿滿都是春天的氣息。

清腸飽足、給腸胃減壓

豆乾香菇菜包

200分鐘　中等

★你需要掌握的技巧

發酵麵團的做法　見013頁

如何包包子　見021頁

主食材

高筋麵粉300克 | 豆乾150克
韭菜200克 | 香菇100克

副食材

酵母粉3克 | 細砂糖9克 | 醬油1小匙
鹽1小匙 | 香油1大匙 | 五香粉1小匙

做法

❶ 麵粉加入酵母粉、細砂糖、清水，揉成麵團進行發酵。

❷ 豆乾、韭菜、香菇洗淨，香菇去蒂，全部切成細丁，備用。

❸ 韭菜、豆乾、香菇放入盆中，加入醬油、鹽、香油、五香粉，混合均勻，做成素菜餡備用。

❹ 將發酵好的麵團分割成大小均勻的麵團，用擀麵棍擀成麵皮。

❺ 取肉餡包成包子，整齊有間距地擺在蒸盤上，繼續醒發20分鐘。

❻ 蒸鍋放入清水，擺上蒸盤，大火蒸20分鐘，關火後，蓋上蓋子悶3分鐘左右即可。

烹飪訣竅

❶ 為了豐富口感，素餡大多會添加口感勁道或酥脆的配料，如干絲、豆皮、薄脆等。

❷ 可以加入適合自己口味的調味料，如辣椒粉、胡椒粉等。

這是一道經典的素食包子，豆乾的豆香混合了香菇的鮮美和韭菜的清香，儘管沒有肉，餡料的口感也非常豐富。

香脆可口不油膩

櫛瓜雞蛋水煎包

200分鐘 高級

★你需要掌握的技巧

發酵麵團的做法 見013頁

如何包包子 見021頁

主食材

高筋麵粉300克 | 櫛瓜500克
雞蛋3顆

副食材

酵母粉3克 | 細砂糖9克 | 鹽2小匙 | 醬油1小匙
香醋1小匙 | 白胡椒粉1小匙 | 雞粉0.5小匙
香油10毫升 | 太白粉1小匙 | 植物油適量

做法

❶ 麵粉加入酵母粉、9克細砂糖、清水，揉成麵團進行發酵。

❷ 櫛瓜洗淨，切成細絲，放入1小匙鹽拌匀，醃製15分鐘，擠乾水分備用。

❸ 雞蛋加0.5小匙鹽，打散成蛋液。

❹ 平底鍋加入植物油燒熱，倒入蛋液，炒至凝固時，倒入香醋翻炒均匀，盛出備用。

❺ 櫛瓜和炒好的雞蛋放入一個盆中，加入0.5小匙鹽、醬油、白胡椒粉、雞粉、香油，攪拌均匀，做成餡料備用。

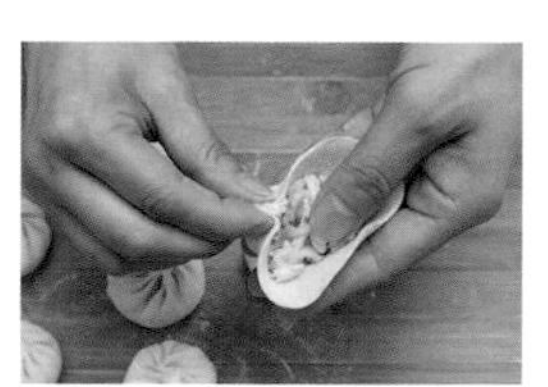

❻ 將發酵好的麵團分割成大小均匀的麵團，用擀麵棍擀成麵皮，取肉餡包成包子。

❼ 平底鍋倒入植物油加熱，把包子收口朝下整齊排好，在包子表面刷上一層植物油，中火煎至包子底部焦黃。

❽ 取小碗清水，加入太白粉拌匀成太白粉水，淋入鍋中，水位淹至包子的一半，用中火悶煮至水分收乾、包子底部焦脆即可。

烹飪訣竅

❶ 沒有太白粉也可以用麵粉代替。太白粉水一定要收乾，才能形成包子的脆底。

❷ 炒蛋時加入少許香醋，可以獲得蟹黃般的鮮美滋味，提升素餡的口感。

櫛瓜清甜多汁，常用於調製餡料，和雞蛋調餡是比較傳統的方式。水煎包的底部香脆，內餡鮮美可口，是一道傳統的名小吃。

精巧可愛、甜香可口

豆沙水晶包

40分鐘（不含製作紅豆沙餡）

中等

主食材

澄粉100克 | 太白粉30克
紅豆餡200克

副食材

植物油適量

★你需要掌握的技巧

紅豆沙餡的做法 見015頁
如何包包子 見021頁

做法

❶ 澄粉和太白粉混合均勻，將開水慢慢分次倒入，用筷子迅速攪拌均勻。

❷ 加入植物油，用手將麵團揉捏均勻至光滑，包上保鮮膜，做成水晶皮備用（參見第11頁食材篇「水晶皮」）。

❸ 將麵團分割成大小均勻的麵團，擀成麵皮，挖一匙紅豆餡，包成包子。

❹ 蒸鍋內水煮滾，放入紅豆水晶包，大火蒸10分鐘即可。

烹飪訣竅

同樣的做法，舉一反三，可以用紫薯餡、南瓜餡等做成其他的素食水晶包。

清香爽口、排毒清腸

青菜香菇餃

60分鐘　中等

主食材

高筋麵粉300克 | 小青菜300克
香菇200克 | 蝦皮50克 | 雞蛋1顆

副食材

鹽1小匙 | 花椒粉1小匙 | 香油1小匙
醬油1小匙 | 薑末1小匙 | 植物油適量

★你需要掌握的技巧

和麵的方法　見013頁
手擀類麵皮的做法　見014頁
如何包餃子　見020頁

做法

❶ 將麵粉揉成麵團，醒半小時。

❷ 小青菜、香菇洗淨，擠乾水分，切成碎末；雞蛋打散成蛋液。

❸ 鍋內倒入植物油燒熱，放入薑末炒香，加入蛋液，炒成凝固狀態。

❹ 加入青菜、香菇翻炒，加入鹽、花椒粉、香油、醬油炒熟，加入蝦皮混合均勻，炒乾水分，做成素餡備用。

❺ 將醒好的麵團擀成餃子皮。

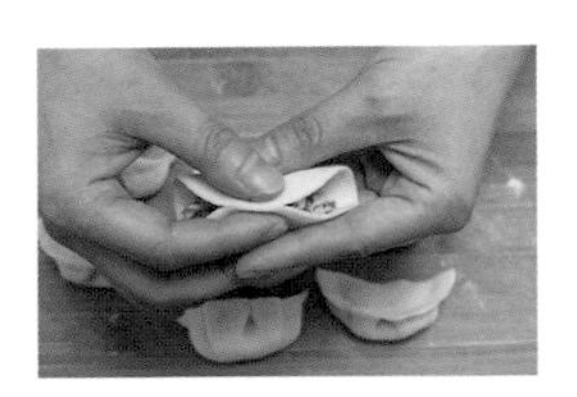

❻ 備好餃子餡和餃子皮，包成餃子煮熟即可。

烹飪訣竅

❶ 素餡經過炒製，味道會更香一些。

❷ 可以選擇自己喜歡的蔬菜，如高麗菜、A菜，甚至大蔥都可以。

鮮香可口、富有嚼勁

鮮菇水晶餃

60分鐘　中等

主食材

澄粉100克 | 太白粉35克 | 杏鮑菇150克
香菇50克 | 青椒50克

副食材

香油1小匙 | 鹽1小匙 | 蒜蓉10克
蔥花10克 | 醬油1小匙 | 植物油適量

做法

❶ 澄粉加入30克太白粉混合均勻，將開水慢慢分次倒入，用筷子迅速攪拌均勻。

❷ 加入植物油，用手將面團揉捏均勻至光滑，包上保鮮膜備用（參見P11食材篇「水晶皮」）。

❸ 杏鮑菇、香菇、青椒洗淨後切碎，混合均勻，做成蔬菜餡。

❹ 5克太白粉混合清水做成太白粉水。

❺ 鍋內倒入植物油，加入蒜蓉炒香，放入拌好的蔬菜餡，加入鹽、醬油炒香。

❻ 在餡料中加入蔥花、香油翻炒，倒入太白粉水，混合均勻，做成香菇餡。

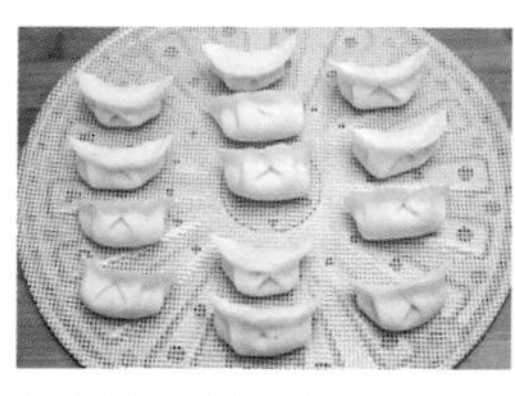

❼ 麵團分割成大小均勻的麵團，擀成餃皮，包入香菇餡，放入蒸盤整齊擺好。

❽ 蒸鍋內清水煮滾，大火蒸15分鐘即可。

烹飪訣竅

除了食譜所寫的杏鮑菇、香菇，還可以加入其他喜歡的菇類，如秀珍菇、蘑菇、鴻喜菇等。

菇類具有獨特的鮮味和細膩醇厚的肉質，切碎後加入少許的青椒提味，包上柔韌勁道的水晶皮，採用蒸製的方式，使得蒸餃更加入味。

清香爽口、排毒清腸

芹香蒸餃

60分鐘　中等

★你需要掌握的技巧

和麵的方法　見012頁
手擀類麵皮的做法　見014頁
如何包餃子　見020頁

主食材

高筋麵粉300克 | 西芹300克 | 胡蘿蔔200克
乾木耳10克 | 雞蛋2顆

副食材

鹽1小匙 | 香油1小匙 | 五香粉1小匙
香醋1小匙 | 蒜蓉1小匙 | 植物油適量

做法

❶ 西芹洗淨、切大塊，用果汁機打成果汁。

❷ 用西芹汁代替清水和麵，將麵粉揉成綠色麵團，醒半小時。

❸ 乾木耳用溫水泡發，洗淨、切碎；雞蛋打散成蛋液；胡蘿蔔洗淨、切碎。

❹ 鍋內倒入植物油燒熱，倒入蒜蓉炒香，倒入蛋液翻炒至凝固，沿鍋邊撒入香醋，翻炒均匀，盛出備用。

❺ 將備好的蔬菜碎、雞蛋放入盆中，加入鹽、香油、五香粉拌匀，做成餡料。

❻ 將醒好的麵團擀成餃子皮，包好餡料，做成餃子。

❼ 蒸鍋內清水煮滾，放入餃子，大火蒸15分鐘即可。

烹飪訣竅

❶ 利用蔬菜不同的顏色增添料理的色彩，是非常健康又高級的做法。還可以採用更多色彩靚麗的蔬菜，如紫甘藍、菠菜、番茄等。

❷ 炒雞蛋時淋入一些香醋，可以增添鮮香的味道。

芹菜汁是純天然的染色劑，代替清水調和麵團，好看好吃又營養，餃子翠綠亮眼，匠心獨具，很受孩子們的歡迎。

外焦內嫩、清甜鮮美

櫛瓜蝦皮鍋貼

90分鐘　中等

★你需要掌握的技巧

和麵的方法　見012頁

主食材

麵粉100克 | 櫛瓜200克 | 雞蛋1顆
蝦皮20克

副食材

鹽4克 | 蔥花1小匙 | 香油1小匙
太白粉1小匙 | 植物油適量

做法

❶ 麵粉用溫水和麵，醒30分鐘。

❷ 等待醒麵的過程中製作餡料：櫛瓜洗淨、削皮，刨成絲，用2克鹽抓勻，醃製10分鐘，擠乾水分備用。

❸ 雞蛋打散，倒入熱油鍋中，炒成小塊備用。

❹ 將櫛瓜絲、雞蛋、蝦皮放入盆中，混合均勻，加入蔥花、2克鹽、香油攪拌均勻，做成鍋貼餡。

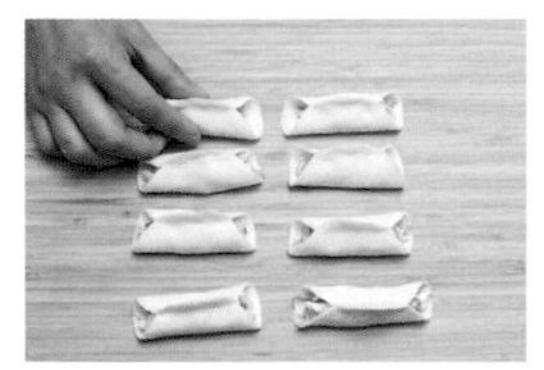

❺ 將麵團分割成小份，擀成鍋貼皮，中心放入餡料，鍋貼皮對摺，中間部分捏緊，鍋貼兩端透氣露餡，不用封口。

❻ 取一口平底鍋，底部刷上一層植物油，把鍋貼一個接一個挨著擺入鍋底，轉小火，煎出焦底。

❼ 將太白粉用少量清水稀釋，做成太白粉水，淋在鍋貼上。

❽ 蓋上鍋蓋，小火煎到鍋底水分蒸發、形成脆底即可。

烹飪訣竅

❶ 也可以使用煎餅機，選用「鍋貼」功能烹飪，更方便。中途淋一次太白粉水即可。

❷ 前半段和麵、包餡的做法基本等同於餃子，但是和餃子最大的區別是鍋貼不用封兩端的口，以及之後的烹飪方式不同。

鍋貼的口味根據餡料的不同而花樣繁多，做為主食的外皮裹上鮮香的餡料，經過煎炸之後，外酥內嫩、清甜鮮美，是一道非常受歡迎的麵點。

鮮香酥脆的美味料理

韭菜雞蛋鍋貼

90分鐘（不含製作薄脆） 中等

★你需要掌握的技巧

和麵的方法 見012頁

薄脆的做法 見016頁

主食材

麵粉100克 | 韭菜200克 | 雞蛋2顆

蝦皮10克 | 薄脆50克

副食材

鹽0.5小匙 | 蔥花1小匙 | 香油1小匙

太白粉1小匙 | 植物油適量

做法

❶ 麵粉用溫水和麵，醒30分鐘。

❷ 韭菜洗淨、切碎；薄脆掰碎成小塊。

❸ 雞蛋打散，倒入鍋中炒成小塊備用。

❹ 將韭菜、雞蛋、蝦皮、薄脆塊放入盆中混合均勻，加入蔥花、鹽、香油攪拌均勻，做成鍋貼餡。

❺ 將麵團分割成小份，擀成鍋貼皮，中心放入餡料，鍋貼皮對摺，中間部分捏緊，鍋貼兩端透氣露餡，不用封口。

❻ 取一口平底鍋，底部刷上一層植物油，把鍋貼一個接一個挨著擺入鍋中，轉小火煎出焦底。

❼ 將太白粉用少量清水稀釋，做成太白粉水，淋在鍋貼上，蓋上鍋蓋，小火煎到鍋底水分蒸發，形成脆底即可。

烹飪訣竅

❶ 也可以使用煎餅機，選用「鍋貼」功能烹飪，更方便，中途淋上一次太白粉水即可。

❷ 如果沒有太白粉，可以用麵粉混合清水代替太白粉水。

韭菜雞蛋是經典的餡料組合，薄脆的加入使得口感更加香脆，加上蝦皮調味，鹹香可口，增加了咀嚼時的滿足感。

薺菜是春天的時令性野菜，味道和香氣都比較獨特，搭配脆爽的荸薺一起拌入餡料中，再加入柔韌有嚼勁的豆乾，味道非常鮮美。

春天的清新味道

薺菜荸薺小餛飩

60分鐘　中等

主食材

餛飩皮250克 | 薺菜200克
荸薺100克 | 豆乾50克

副食材

蒜蓉10克 | 鹽1小匙 | 香油1小匙
胡椒粉1小匙 | 醬油1小匙
植物油適量

★你需要掌握的技巧

餛飩皮的做法　見017頁
如何包餛飩　見021頁

做法

❶ 新鮮薺菜洗淨，擠乾水分，切碎；香菜洗淨後切成碎末。

❷ 荸薺削皮，洗淨，切成碎末；豆乾切成碎丁備用。

❸ 鍋內倒入植物油，放入蒜蓉炒香，放入豆乾翻炒，淋入醬油炒香，關火。

❹ 在鍋內放入薺菜、荸薺，鹽、香油、胡椒粉攪拌均勻，做成餛飩餡。

❺ 按照P21包餛飩的做法，把餛飩包成自己喜歡的形狀煮熟即可。

烹飪訣竅

素餡大多比較清淡，將豆乾單獨烹炒一下會更香更入味。

豆香悠悠、柔嫩可口

豆香小餛飩

60分鐘　中等

種類豐富的蔬菜搭配豆腐做成餡料，含有豐富的維生素和蛋白質，膳食搭配非常均衡，豆香濃郁、嫩滑爽口。

主食材

餛飩皮250克 | 板豆腐200克
乾木耳15克 | 胡蘿蔔1根 | 香菇100克
洋蔥100克 | 雞蛋2顆

副食材

薑末10克 | 鹽1小匙 | 香油1小匙
花椒粉1小匙 | 五香粉1小匙
醬油1小匙

★你需要掌握的技巧

餛飩皮的做法　見017頁
如何包餛飩　見021頁

做法

❶ 乾木耳用溫水泡發，洗淨，切成細絲；香菇、胡蘿蔔、洋蔥洗淨，切碎；豆腐用鹽水浸泡15分鐘，瀝乾水分備用。

❷ 雞蛋打散成蛋液，加入木耳、香菇、胡蘿蔔、洋蔥碎，攪拌均勻，做成蔬菜餡。

❸ 在蔬菜餡裡加入豆腐、所有副食材，輕輕攪拌均勻，做成餛飩餡。

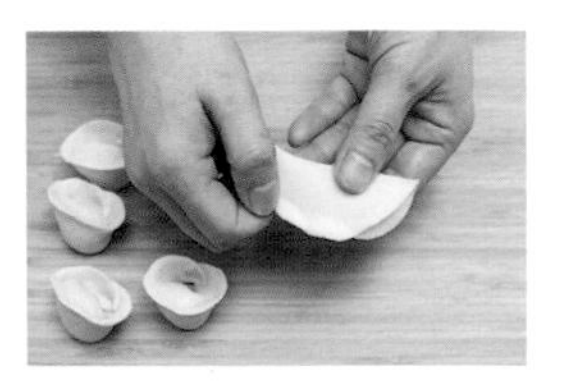

❹ 根據P21包餛飩的做法，把餛飩包成自己喜歡的形狀煮熟即可。

烹飪訣竅

❶ 選用板豆腐，拌餡時手法要輕、要均勻，以免豆腐碎成汁、水分過多不好包，而且還會影響口感。

❷ 如果餡料的水分過多，可以加入少許太白粉混合均勻（太白粉可以吸收餡料中的水分）。

簡單經典的家常麵食

蔥香千層餡餅

90分鐘　中等

主食材

麵粉300克 | 香蔥末80克

副食材

鹽5克 | 植物油1大匙

做法

❶ 用180毫升溫水和麵，揉成麵團後，用保鮮膜蓋好，醒30分鐘。

❷ 將發好的麵團擀成一張大麵皮。

❸ 香蔥末撒上鹽拌勻，均勻抹在麵皮上。

❹ 將抹好蔥花餡的麵皮從上到下捲起來，分割成每個80克的小麵團，麵團分割面不必封口，讓內部餡料露出來。

❺ 煎餅機預熱好，刷上一層植物油；將麵團按壓成餅狀，用擀麵棍擀薄，擺在煎餅機上，用烙餅的功能烤至兩面金黃即可。

烹飪訣竅

依相同的製作方法，更換餡料，便可做成其他口味的餅，如香辣牛肉餡餅、五香餡餅、酸菜肉末餡餅等。

香蔥經過烤製後散發出讓人無法抵抗的濃郁蔥香。麵皮經過發酵和刷油烤製後，層層酥脆。僅用香蔥和鹽進行調味，讓食材回歸淳樸的本質味道，簡單卻經典。

鹹香酥脆的素食麵點

薄脆煎餅

30分鐘（不含製作薄脆） 簡單

★你需要掌握的技巧

薄脆的做法 見016頁

主食材

麵粉150克 | 雞蛋2顆 | 榨菜30克
生菜50克 | 小黃瓜半根

副食材

鹽1小匙 | 泡打粉0.5小匙 | 蔥花1小匙
甜辣醬適量 | 植物油適量

做法

❶ 將100克麵粉、1顆雞蛋、0.5小匙鹽、泡打粉拌勻，和好麵，用植物油炸成薄脆。

❷ 將50克麵粉、1顆雞蛋、0.5小匙鹽，加上清水、蔥花，用力攪拌均勻，做成麵糊。

❸ 生菜洗淨，撕成小塊；小黃瓜削皮，洗淨，切絲；榨菜切碎備用。

❹ 平底鍋內刷上一層植物油，倒入一匙麵糊，攤成薄麵餅。

❺ 做好的麵餅平攤在擀麵板上，刷上一層甜辣醬。

❻ 在麵餅中心放上一塊薄脆、適量生菜、小黃瓜絲、榨菜末，捲成四面封口的卷餅即可。

烹飪訣竅

❶ 可以購買市售成品榨菜。

❷ 加入的蔬菜可以替換成自己喜歡的其他食材，也可以刷上其他喜歡的醬料。

❸ 薄脆可以一次多炸一些，密封保存，下次吃的時候拿出來即可。

香酥的薄脆加上鹹香爽口的榨菜和豐富的蔬菜，給身體提供了豐富全面的營養。

辛香濃郁的傳統麵點

五香燒餅

120分鐘　中等

★你需要掌握的技巧

和麵的方法　見012頁

主食材

麵粉300克 | 白芝麻1小碗

副食材

鹽5克 | 酵母粉2克 | 五香粉10克
植物油1大匙

做法

❶ 將麵粉、1克鹽、酵母粉放入大盆中混合均勻，倒入180毫升溫水和麵，揉成光滑的麵團，蓋上保鮮膜，靜置60分鐘，發酵至麵團脹成2倍大。

❷ 將五香粉、4克鹽、植物油混合在一起，攪拌均勻，做成五香調味料。

❸ 將麵團再揉壓一次，排出發酵過程中產生的氣體，蓋上保鮮膜，靜置10分鐘。

❹ 將發酵好的麵團擀成略微有些厚度的麵片，均勻抹上五香調味料，捲成長條。

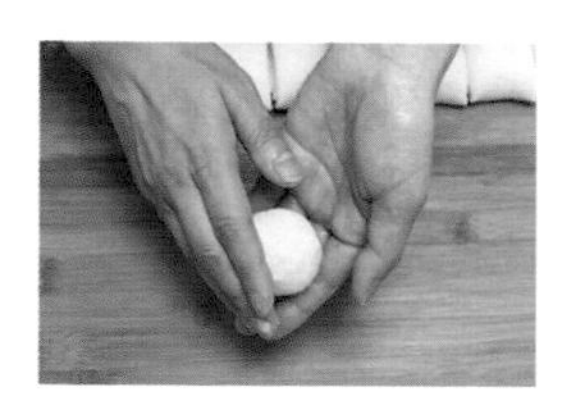

❺ 將長條均勻分成幾等份，輕柔地揉成圓球狀。

❻ 將圓球放入裝有白芝麻的碗中，均勻地滾上一層芝麻。

❼ 圓球用手按扁，放入煎餅機，用烙餅功能烹飪至熟即可。

烹飪訣竅

❶ 煎餅機有很多品牌，根據實際情況選擇功能，如「餡餅」、「烙餅」等功能都可以使用。

❷ 發酵後的餅在烘烤過程中會脹大，用煎餅機烹飪時可以不蓋蓋子，讓餅能有膨脹的空間。

五香粉是非常經典的萬能香料，揉在麵食裡，散發出濃郁的辛香，開胃、誘人。燒餅表面撒上芝麻，烤製出噴香的味道，飽足又解饞。

消食解膩、香而不膩

蘿蔔蝦皮褡褳火燒

90分鐘　中等

★你需要掌握的技巧

和麵的方法　見012頁

主食材

麵粉200克 | 白蘿蔔500克 | 蝦皮50克

副食材

鹽6克 | 香油1小匙 | 薑末10克

五香粉、植物油適量

做法

❶ 將麵粉加清水揉成麵團，醒30分鐘。

❷ 白蘿蔔洗淨，刨成絲，放入3克鹽，用手抓勻，醃製15分鐘，擠乾水分備用。

❸ 將白蘿蔔絲、蝦皮放入盆中，加入3克鹽、香油、薑末、五香粉，攪拌均勻，做成餡料。

❹ 將醒好的麵團分成小份，壓成片後用擀麵棍擀成麵皮。

❺ 將餡料放入麵皮下方，由下往上捲起來，兩邊按壓一下，做成褡褳火燒。

❻ 平底鍋倒入植物油加熱，將做好的褡褳火燒三個一組放入鍋中，小火煎至兩面金黃即可。

烹飪訣竅

可根據自己的喜好添加其他調味料，如辣椒、醋等。

清甜爽口的蘿蔔絲，用蝦皮調味，帶出了鮮香，也讓口感更加豐富。褡褳火燒香脆的外殼配上多汁鮮嫩的蘿蔔蝦皮餡，好吃不上火。

營養均衡的美味

粉絲豆乾春捲

30分鐘　簡單

主食材

春捲皮（市售）200克 | 乾細粉絲30克
茶乾50克 | 胡蘿蔔100克 | 綠豆芽100克

副食材

鹽1小匙 | 醬油1小匙 | 五香粉1小匙 | 蒜蓉1小匙
雞粉0.5小匙 | 植物油適量

做法

❶ 乾細粉絲用溫水泡軟，如果太長，可以剪斷。

❷ 茶乾切成小丁；胡蘿蔔洗淨、切細絲；綠豆芽洗淨，瀝乾水分備用。

❸ 鍋內倒入植物油燒熱，倒入蒜蓉炒香，放入茶乾翻炒。

❹ 加入胡蘿蔔、綠豆芽、細粉絲炒軟，加入鹽、醬油、五香粉、雞粉翻炒至熟，盛出備用。

❺ 春捲皮平鋪在砧板上，加入炒好的配菜，捲成圓筒狀即可。

烹飪訣竅

❶ 除了食譜中的蔬菜，也可以選用自己喜歡的蔬菜，如小黃瓜、高麗菜等。

❷ 可根據自己的口味添加其他調味料，如辣椒粉、花椒粉、孜然粉等。

❸ 吃的時候可以沾上調味料，如香醋、辣椒油、番茄醬均可。

茶乾富含蛋白質，各色蔬菜富含維生素和礦物質，這款春捲的膳食營養搭配得較均衡。粉絲和茶乾都是柔韌有嚼勁的食材，不但飽足，且吃起來口有餘香，回味無窮。

金黃、香甜的高顏值點心

芋香春捲

60分鐘 簡單

主食材

春捲皮250克 | 香芋1個

副食材

細砂糖20克 | 牛奶50毫升 | 植物油適量

做法

❶ 香芋削皮，洗淨後切成塊，方便快速蒸熟。

❷ 蒸鍋內倒入清水，放入切好的香芋，蓋上鍋蓋，中火蒸20分鐘左右，至芋頭熟透。

❸ 將蒸好的芋頭放入盆中，用湯匙或攪拌機做好芋泥。

❹ 在芋泥中加入細砂糖、牛奶，攪拌均勻，做成芋泥餡。

❺ 將春捲皮平鋪，裹入芋泥餡，捲成捲筒，兩端封口。

❻ 鍋內倒入植物油燒熱，中小火將芋泥卷炸成金黃香脆即可。

烹飪訣竅

❶ 購買個頭大的香芋，口感更加粉糯。

❷ 依蒸好的芋頭水分的多寡增減牛奶的用量，將芋泥攪拌細滑即可。

❸ 愛吃鹹的，可用鹽代替細砂糖，不放牛奶，用清水或高湯稀釋芋泥。

擺盤好看又簡單易做的一款點心。芋頭粉糯綿軟，加入細砂糖和牛奶，裹在春捲皮裡，炸至兩面金黃香脆、外酥內嫩，是天生的甜品高手。

一口難以忘卻的香濃綿密

麻醬花卷

180分鐘　中等

主食材

麵粉600克 | 黑糖30克

副食材

酵母粉4克 | 細砂糖1小匙

六必居麻醬60克 | 鹽0.5小匙

做法

❶ 將麵粉放入盆中，加入酵母粉、細砂糖混合均勻。

❷ 將麵粉加水，揉成麵團，蓋上保鮮膜，常溫發酵60分鐘至麵團脹大到2倍。

❸ 在麻醬中加入少許鹽，用力攪拌均勻。

❹ 將麵團擀成一張方形的薄麵皮，上面刷上一層麻醬，再均勻撒上黑糖，由下往上捲成圓筒，兩端的封口收緊捏好。

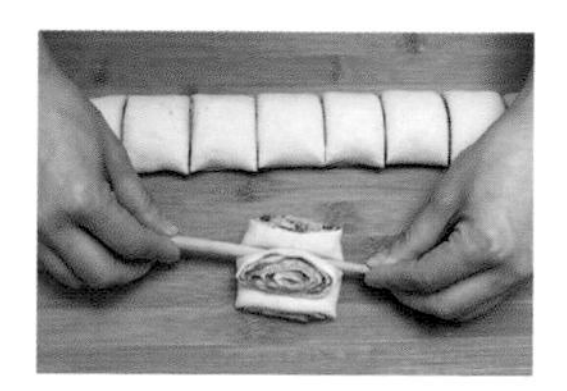

❺ 將圓筒均勻切成小段，兩個小段重疊壓在一起，中間用筷子按壓下去，用手扯住兩端稍微拉一拉，反方向卷起來。

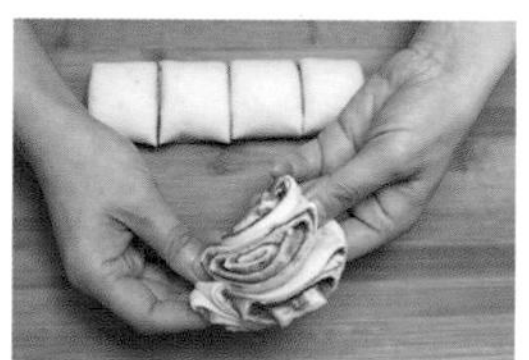

❻ 將麵團頭尾兩端用手捏緊相接，花卷的造型就做好了。

❼ 將做好的花卷放在蒸鍋中，靜置醒發20分鐘。

❽ 蓋上鍋蓋，大火蒸15分鐘，關火後悶5分鐘即可。

烹飪訣竅

❶ 新手在擰麻花階段有些不熟悉，可以雙手扯住麵團兩端，反方向擺弄一下看看效果，感覺對了再將頭尾連接封口，以免蒸出來散開。

❷ 也可以撒上花椒粉或刷上辣椒油、紅油等，舉一反三做成不同風味的花卷。

用麻醬搭配黑糖，帶來極為香濃、綿密的口感，甜而不膩，讓人欲罷不能，是非常經典、受歡迎的一款麵點。

簡單又好吃的家常小菜

雙色蘿蔔絲炸丸子

60分鐘（不含製作薄脆） 中等

★你需要掌握的技巧

薄脆的做法 見016頁

主食材

麵粉100克 | 白蘿蔔1根
胡蘿蔔1根 | 雞蛋1顆 | 蝦皮30克
薄脆50克

副食材

鹽2小匙 | 薑末10克 | 蔥末20克 | 十三香粉1小匙
香油1小匙 | 植物油適量

做法

❶ 白蘿蔔、胡蘿蔔洗淨，刨成細絲，放1小匙鹽，用手抓勻，醃製15分鐘，擠乾水分。

❷ 雙色蘿蔔絲放入盆中，加入麵粉、雞蛋，攪拌成麵糊，如果太乾，加入適量清水。

❸ 蝦皮用植物油炒香；薄脆掰成片。

❹ 將蝦皮、薄脆碎、1小匙鹽、蔥薑末、十三香粉、香油依序加入麵糊中，攪拌均勻，靜置10分鐘。

❺ 鍋內倒入植物油燒熱，用湯匙挖一匙麵糊放入鍋中，中火炸至定形，撈出。

❻ 所有的丸子炸好後，炸第二次至金黃色即可。

烹飪訣竅

❶ 白蘿蔔中有一股清爽的辣味，如果不喜歡，在白蘿蔔刨成絲後，用開水燙一下，可以去除辣味，就不用加鹽醃製了。燙好後，擠乾水分，其他的步驟一樣。

❷ 加入薄脆後味道更香，也可以加一些麵包屑、饅頭碎等，同樣可使口感酥脆。

經典的炸丸子餡料，柔韌的蘿蔔絲中夾著鹹香的蝦皮提鮮，鬆軟可口。

香脆嫩滑不油膩

芙蓉茄盒

50分鐘（不含製作薄脆） 中等

★你需要掌握的技巧

薄脆的做法 見016頁

主食材

紫皮大茄子1個 | 麵粉80克 | 雞蛋1顆
薄脆50克 | 乾香菇10朵

副食材

蔥花20克 | 鹽0.5小匙 | 五香粉1小匙
植物油適量

做法

❶ 乾香菇用溫水泡軟，切成碎末；薄脆用刀背壓成碎渣。

❷ 麵粉加入雞蛋、蔥花，攪拌均勻，形成麵糊。

❸ 香菇末放入盆中，加入薄脆、鹽、五香粉攪拌均勻，做成餡。

❹ 紫皮大茄子去蒂，洗淨，去皮，斜刀切成三指厚的塊，每塊茄子中間劃一刀，填滿香菇餡。

❺ 將填好餡料的茄夾放入麵糊中打滾，均勻裹上麵糊。

❻ 鍋內倒入充足的植物油燒熱，放入茄夾，中火炸至熟透即可。

烹飪訣竅

❶ 麵糊若是太乾，可加入適量清水，以茄子能裹住麵糊為準。

❷ 喜歡吃辣的可以在餡料中添加辣椒粉、胡椒粉等調味料。

香菇和茄子是好搭檔，茄子細滑柔嫩又吸味，香菇的湯汁和香味能完全滲入到茄子當中，鮮滑可口。裹上麵糊炸透後，外殼酥脆、內餡香濃、好吃不膩。

以富含蛋白質的豆腐做為主食材，非常健康營養好吸收，加入起司粉後，味道更加香濃，口感金黃焦香、酥脆鬆軟。

鹹香酥脆、營養豐富

油酥豆腐丸子

40分鐘　簡單

主食材

板豆腐1塊 | 雞蛋1顆 | 胡蘿蔔半根
乾香菇8朵

副食材

起司粉10克 | 蔥花10克 | 鹽1小匙
五香粉1小匙 | 植物油適量

做法

❶ 乾香菇用溫水浸泡至軟，洗淨後切成碎末；胡蘿蔔洗淨，切成末。

❷ 板豆腐瀝乾水分，放入盆中，用湯匙稍加碾碎。

❸ 豆腐中加入雞蛋、胡蘿蔔、香菇、起司粉、蔥花、鹽、五香粉，攪拌均勻備用。

❹ 鍋內倒入植物油燒熱，用湯匙舀一匙豆腐糊放入油鍋中，中火炸至金黃即可。

烹飪訣竅

❶ 豆腐餡拌好後，多餘的水分要瀝乾，如果還是稀，可加入少許麵粉或太白粉，攪拌成半流淌的糊狀即可。

❷ 起司粉如果是鹹味的，要適量降低鹽的用量。

健康低脂、營養全面

豆皮三絲卷

60分鐘　中等

四色主食材，使豆皮卷的顏色鮮明、造型精緻。用蔬菜做的內餡搭配高蛋白的豆皮，膳食營養均衡，易於人體消化吸收，口感清甜柔韌。清蒸的烹飪方式更加健康低脂，適合健身人群食用。

主食材

豆皮200克 | 胡蘿蔔100克
菠菜200克 | 乾龍口粉絲30克

副食材

鹽1小匙 | 雞粉0.5小匙 | 香油1小匙
薄鹽醬油1小匙

烹飪訣竅

捲豆皮時應避免用力過猛，否則會導致豆皮斷裂。

做法

❶ 豆皮用溫水浸泡10分鐘左右，變軟即可。

❷ 胡蘿蔔洗淨、切絲；龍口粉絲用溫水泡軟。

❸ 菠菜洗淨，切去根部，放入滾水燙熟，切絲。

❹ 胡蘿蔔絲、粉絲、菠菜放入盆中，撒上鹽、雞粉拌勻，做成餡料。

❺ 將拌好的餡料包入豆皮中捲緊，開大火蒸8分鐘。

❻ 取出後用刀切成小卷擺盤。

❼ 香油、薄鹽醬油攪拌均勻，淋在豆皮卷上即可。

柔韌勁道的素食下飯菜

香菇雞蛋灌麵筋

60分鐘 中等

主食材

油麵筋8個 | 香菇200克 | 雞蛋2顆
蝦皮30克

副食材

鹽1小匙 | 香油1小匙 | 五香粉1小匙
醬油1小匙 | 蔥花10克 | 太白粉1小匙
植物油適量

做法

❶ 香菇洗淨、切碎；雞蛋打散。

❷ 鍋內倒入植物油燒熱，倒入蛋液炒至凝固。

❸ 倒入香菇末、蝦皮、鹽，炒出一點水分，加入五香粉、香油，翻炒均勻，做成餡料備用。

❹ 用筷子在油麵筋上戳一個洞，用手指伸進去挖空。

❺ 把餡料填滿油麵筋內部，整齊擺入盤中。

❻ 蒸鍋內大火煮滾，放入油麵筋，大火蒸15分鐘。

❼ 醬油倒入碗中，加入少許清水、太白粉攪拌均勻，倒入鍋中煮滾，做成芡汁。

❽ 將芡汁淋到蒸好的麵筋上，撒上蔥花即可。

烹飪訣竅

擺盤時可搭配一些蔬菜，如花椰菜、小番茄、菜心等。

香菇肉質肥美、蒸煮後滲出的湯汁被鎖在勁道軟滑的油麵筋內，湯汁清甜，是下飯的好菜。

香辣可口、開胃下飯

糯米釀紅椒

60分鐘 中等

主食材

大紅椒5個 | 糯米粉120克 | 澄粉30克

副食材

鹽1小匙 | 胡椒粉1小匙 | 蔥花10克
花生油20毫升 | 植物油適量

做法

❶ 糯米粉混合澄粉，加入180毫升清水攪拌成糊。

❷ 加入10克花生油、鹽、胡椒粉，用力攪拌至花生油融入麵糊中。

❸ 取一個盤子，底部刷上一層植物油，倒入調好的糯米糊，用保鮮膜包住。

❹ 蒸鍋內清水煮滾，放入糯米糊，大火蒸15分鐘至麵糊凝固，取出，在常溫下冷卻。

❺ 大紅椒洗淨，去蒂、去籽，剖開備用。

❻ 將蒸好的糯米餡加入10克花生油，用力揉成光滑不沾手的糯米團子。

❼ 將糯米團子填滿大紅椒內部。

❽ 平底鍋倒入植物油燒熱，放入大紅椒，中小火煎至大紅椒出現虎皮紋、裂開的糯米餡金黃酥脆，撒上蔥花即可。

烹飪訣竅

❶ 購買大個、肉厚的紅椒。

❷ 沒有澄粉，也可以用純糯米粉代替。

這是一道特色菜，鮮紅火辣的外殼，填滿了雪白軟糯的糯米，鮮明好看。紅椒略帶酸辣，加了胡椒粉和鹽的糯米餡也變得香濃入味，煎好後香辣可口、開胃下飯。

這是一道造型精巧、美味經典的素齋。種類豐富的蔬菜富含維生素和膳食纖維，清甜爽口。千張包裹餡料，包成福袋造型，經過悶煮後，千張浸透了鮮美的湯汁，非常柔韌入味。

精巧美觀的營養素食

羅漢福袋

90分鐘　高級

主食材

乾木耳10克 | 玉米粒50克 | 香菇50克
青豆50克 | 方形千張250克

配料

鹽1.5小匙 | 薑末10克 | 蔥花5克
料理米酒1小匙 | 白胡椒粉少許
醬油1小匙 | 太白粉1小匙
細香蔥適量

做法

❶ 木耳泡發、切碎；香菇洗淨、去蒂、切碎；方形千張放入開水中燙軟。

❷ 將木耳、玉米粒、香菇、青豆放入盆中，加入0.5小匙鹽混合均勻，做成餡料。

❸ 千張包入餡料，提起四角收攏，用洗淨的香蔥將收口綁成荷包狀。

❹ 將做好的羅漢福袋整齊放入鍋中，倒入清水，淹過福袋的一半即可。

❺ 湯水中放入1小匙鹽、薑末、料理米酒，中火悶煮至湯水開始收汁。

❻ 太白粉加入醬油、少量清水拌勻，倒入鍋中稍加攪拌，勾芡，撒上胡椒粉、蔥花即可。

烹飪訣竅

❶ 如果沒有正方形的千張，可以買大張的千張自己切，或用餛飩皮代替。

❷ 可以加入其他蔬菜做為餡料配菜。

Chapter 4
甜餡

Delicious Chinese **Pastry**

粵式經典茶點

黃金流沙包

200分鐘　高級

★你需要掌握的技巧

發酵麵團的做法　見013頁
如何包包子　見021頁

主食材

高筋麵粉200克 | 雞蛋1顆
牛奶40毫升

副食材

酵母粉2克 | 細砂糖46克 | 澄粉20克
淡奶油20克 | 起司粉20克

做法

❶ 麵粉加入酵母粉、6克細砂糖、清水，揉成麵團進行發酵。

❷ 雞蛋打入盆中，加入40克細砂糖、澄粉、起司粉、牛奶、淡奶油，用打蛋器攪拌均勻做成奶黃液，放入不鏽鋼小盆中備用。

❸ 蒸鍋內加入清水煮滾，放入奶黃液，中火蒸30分鐘左右，中間每隔10分鐘用湯匙拌一下，將凝固的蛋黃拌勻，蒸至奶糊狀。

❹ 蒸好的奶黃糊放入冰箱冷藏至可以揉搓成形。

❺ 將發酵好的麵團分割成小份，用擀麵棍擀成麵皮，包入奶黃餡，做成包子。

❻ 蒸鍋內水煮滾，放入黃金流沙包，大火蒸15分鐘即可。

烹飪訣竅

用不完的奶黃餡搓成小球後，放入冰箱冷凍，下次包包子時取出即可使用。

黃金流沙包外皮潔白鬆軟，趁熱掰開後，內餡會流出金黃色的湯汁，香甜濃郁、入口柔滑，非常美味。

精緻好看的茶樓小點

奶黃水晶包

120分鐘 中等

★你需要掌握的技巧

如何包包子 見021頁

主食材

澄粉120克 | 太白粉30克 | 雞蛋1顆
起司粉20克

副食材

純牛奶40毫升 | 細砂糖60克 | 淡奶油20克
植物油20毫升

做法

❶ 將100克澄粉、太白粉混合均勻，慢慢分次倒入開水，用筷子迅速攪拌均勻。

❷ 加入植物油，用手將麵團揉捏均勻至光滑，包上保鮮膜備用（參見P11食材篇「水晶皮」）。

❸ 雞蛋打入盆中，加入細砂糖、20克澄粉、起司粉、牛奶、淡奶油，用打蛋器拌勻做成奶黃液，放入不鏽鋼小盆中備用。

❹ 蒸鍋內加入清水煮滾，放入奶黃液，中火蒸30分鐘左右，中間每隔10分鐘用湯匙拌一下，將凝固的蛋黃拌勻，蒸至奶糊狀。

❺ 將做好的水晶麵團擀成水晶餃皮，包入奶黃餡，做成奶黃水晶包。

❻ 蒸鍋內水煮滾，放入水晶奶黃包，大火蒸15分鐘即可。

烹飪訣竅

❶ 奶黃糊的蒸製不限制時間，根據奶糊的成形度判斷，以奶糊凝固為準。

❷ 起司粉可以用奶粉代替。

這是廣式茶點的一種，以澄粉為原料的外皮晶瑩剔透、柔韌彈牙，隱隱約約透著淡黃色的奶黃內餡，外觀精巧可愛、奶香濃郁、回味無窮。

北方經典的家常麵點

豆沙包

120分鐘（不含製作紅豆沙餡） 中等

★你需要掌握的技巧

如何做紅豆沙餡 見015頁
如何包包子 見021頁

主食材

高筋麵粉300克 | 紅豆沙餡300克

副食材

酵母粉3克 | 細砂糖9克 | 鹽2克

做法

❶ 麵粉加入酵母粉、細砂糖、鹽、清水，揉成麵團進行發酵。

❷ 將發酵好的麵團分割成小份，用擀麵棍擀成麵皮。

❸ 將紅豆沙餡分成小麵團一樣的數量，搓成小球備用。

❹ 將豆沙餡包入麵皮，做成豆沙包，封口捏緊，擺入蒸鍋中。

❺ 蒸鍋內加入清水，大火蒸15分鐘，關火後悶3分鐘即可。

烹飪訣竅

❶ 蒸麵點時，麵點擺放要留有孔隙，以免發酵膨脹後黏在一起。

❷ 蒸好的麵點，關火後不要馬上開鍋蓋，悶3～5分鐘，以免突然遇冷回縮。

豆沙包是十分受歡迎的經典主食。自己炒製的紅豆沙餡甜度可以自由調整，也可以保留些許紅豆顆粒增加嚼勁。雪白鬆軟的麵團包裹著香甜綿軟的豆沙餡，好看又好吃。

香甜粉糯、晶瑩剔透的小可愛

紅豆栗子包

90分鐘（不含製作紅豆沙餡） 中等

★你需要掌握的技巧

如何做紅豆沙餡 見015頁
如何包包子 見021頁

主食材

澄粉100克 | 太白粉30克
紅豆沙餡200克 | 板栗肉100克

副食材

植物油10毫升

做法

❶ 將100克澄粉、太白粉混合均勻，慢慢分次倒入開水，用筷子迅速攪拌均勻。

❷ 加入植物油，用手將面團揉捏均勻至光滑，包上保鮮膜備用（參見P11食材篇「水晶皮」）。

❸ 板栗肉放入鍋中煮熟，壓成小碎粒備用。

❹ 將豆沙餡、板栗碎放入盆中，混合均勻，捏成小圓球備用。

❺ 將水晶麵團分割成小份，用擀麵棍擀成麵皮。

❻ 將豆沙板栗餡裹入水晶麵皮中，用包包子的手法包好，擺入蒸鍋中。

❼ 蒸鍋內加入清水，大火蒸10分鐘即可。

烹飪訣竅

❶ 這種水晶皮的做法是無糖的，如果喜歡甜味，可以在做水晶皮時添加細砂糖。

❷ 同樣的做法，可包入不同的餡料，如將蒸好的紫薯壓成紫薯泥，做成紫薯水晶包，或用南瓜做成南瓜水晶包等。

板栗是秋冬的特色果實，含有豐富的營養，口感香甜粉糯，是非常適合做點心的一種食材。富有顆粒感的栗子，搭配綿密的豆沙，讓你得到極大的滿足。

營養豐富、香甜耐嚼

蜜豆餑餑

150分鐘　中等

★你需要掌握的技巧

發酵麵團的做法　見013頁

主食材

玉米麵粉200克 | 麵粉100克

市售成品蜜豆100克

副食材

鹽2克 | 酵母粉4克 | 小蘇打粉4克

細砂糖50克

做法

❶ 將玉米麵粉、麵粉、細砂糖放入盆中混合均勻。

❷ 將酵母粉、小蘇打粉分別放入小碗中，加入少許清水調成糊狀備用。

❸ 麵粉放入盆中，加酵母粉水、適量清水，揉成麵團，蓋上保鮮膜，醒發60分鐘。

❹ 醒發好的麵團加入鹽、小蘇打水揉勻後，蓋上保鮮膜，繼續醒發30分鐘。

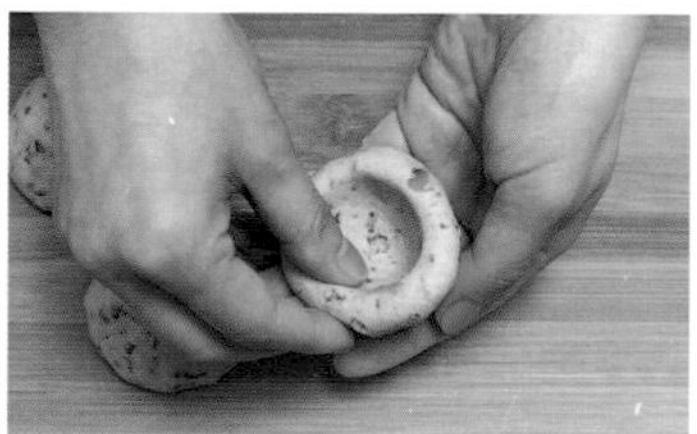

❺ 麵團中加入蜜豆，揉勻後，分成均等的小麵團，揉成圓形，底部用手指壓一個洞，就做成窩頭了。

❻ 蒸鍋內放入清水煮滾，鋪上蒸籠布，放入窩頭，大火蒸20分鐘左右即可。

烹飪訣竅

❶ 蜜豆由紅豆加細砂糖做成，有市售成品。

❷ 可以用牛奶代替清水，其他的乾果代替蜜豆，如葡萄乾等。如果有豆渣也可以添加至麵團中，舉一反三，做出更多口味。

餑餑是一種傳統的粗糧麵點，富含膳食纖維，可促進腸胃運動。玉米麵粉使得餑餑帶有獨特的糧食清香，顆粒感的蜜豆帶來咀嚼的快感，香甜可口、十分飽足。

香味濃郁的養生麵點

黑糖紅棗饅頭

160分鐘　中等

★你需要掌握的技巧

發酵麵團的做法　見013頁

主食材

高筋麵粉150克 | 黑糖30克
乾紅棗10顆

副食材

酵母粉2克

做法

❶ 黑糖加入適量清水，攪拌溶化，加入酵母粉攪拌均勻，做成糖漿。

❷ 紅棗洗淨，去核，切成小塊備用。

❸ 將高筋麵粉、糖漿、適量清水用力拌勻，揉成麵團。

❹ 將麵團放入盆中，蓋上保鮮膜，室溫下發酵90分鐘，至麵團膨脹成2倍大。

❺ 將發好的麵團反覆擠壓，排出麵團中的氣體。

❻ 在麵團中加入切好的紅棗肉，揉壓均勻。

❼ 將麵團分割成均勻的麵團，揉成大小均等的圓形，繼續發酵30分鐘。

❽ 蒸鍋內加入清水，放入發酵好的麵團，大火蒸15分鐘，關火，悶3分鐘左右，以免饅頭突然遇冷而回縮。

烹飪訣竅

蒸鍋墊上一層蒸籠布，能更好地防止饅頭沾鍋，如果沒有蒸籠布，在蒸盤刷上一層薄薄的植物油，也能達到防沾的作用。

鬆軟香甜又有嚼勁的饅頭，加上養生補血的黑糖和滋補氣血的紅棗，成為一道養生又美味的主食。

香濃可口的霸氣麵點

花生芝麻糖三角

160分鐘　中等

★你需要掌握的技巧

發酵麵團的做法　見013頁

主食材

麵粉350克 | 牛奶180毫升 | 黑糖100克

副食材

酵母粉3克 | 細砂糖9克 | 芝麻40克 | 花生米60克

做法

❶ 將300克麵粉加入酵母粉、細砂糖、牛奶，揉成麵團進行發酵。

❷ 花生米炒香、去皮，用擀麵棍壓成花生碎；芝麻炒香備用。

❸ 黑糖加入50克麵粉混合，再加入花生碎、芝麻混合均勻，做成餡。

❹ 將發酵好的麵團分割成小份，用擀麵棍擀成麵皮。

❺ 擀好的麵皮放在擀麵板上，放入一匙花生芝麻餡，從麵皮邊緣三個點往圓心捏緊成三角狀，邊緣的封口都要捏緊，做好的糖三角繼續醒30分鐘。

❻ 鍋內倒入清水，將醒好的糖三角整齊擺入，大火蒸20分鐘，蒸好後蓋上鍋蓋繼續悶3分鐘即可。

烹飪訣竅

❶ 白芝麻、黑芝麻都可以。

❷ 蒸鍋裡墊上蒸籠布，或刷上一層植物油，都可以防止麵點黏在蒸鍋上。

糖三角是一道傳統的麵點美食，造型如名稱一樣富有特色，呈現一個白白胖胖的三角形，潔白柔軟，讓人喜愛。加了花生芝麻的糖三角更加香濃，回味無窮，是一款營養價值非常高的主食。

可愛又營養的金黃色麵點

南瓜糖三角

160分鐘　中等

★你需要掌握的技巧

發酵麵團的做法　見013頁

主食材

麵粉350克 | 南瓜100克

副食材

酵母粉3克 | 細砂糖9克 | 黑糖100克

做法

❶ 南瓜削皮，洗淨，切成塊，大火蒸熟，放入盆中，壓成南瓜泥。

❷ 將300克麵粉加入南瓜泥、酵母粉、細砂糖、適量清水，揉成麵團進行發酵。

❸ 黑糖加50克麵粉混合，做成糖心備用。

❹ 將發酵好的麵團分割成小份，用擀麵棍擀成麵皮。

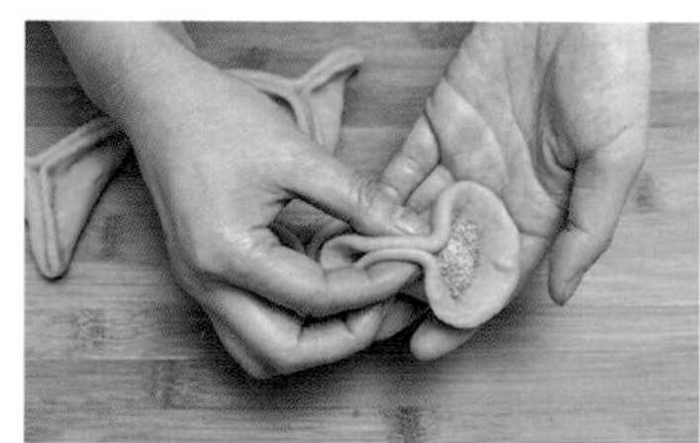

❺ 擀好的麵皮放在擀麵板上，放入糖心餡，從麵皮邊緣三個點往圓心捏緊成三角狀，邊緣的封口都要捏緊，做好的糖三角繼續醒30分鐘。

❻ 鍋內倒入清水，將醒好的糖三角整齊擺入，大火蒸20分鐘，蒸好後蓋上鍋蓋，繼續悶3分鐘即可。

烹飪訣竅

❶ 可以舉一反三，用紫薯做成紫薯糖三角。

❷ 將麵點放在蒸鍋裡，冷水煮滾的過程可幫助麵點再一次發酵，所以需要20分鐘。如果是開水直接蒸，15分鐘即可。

加了南瓜泥的麵團金黃燦爛，吉祥喜慶。南瓜淡淡的甜味讓香甜口味的糖三角帶點田園瓜果的清香，甜而不膩。

外皮酥脆的養顏主食

棗泥鍋餅

160分鐘　中等

主食材

麵粉150克 | 雞蛋1顆 | 紅棗100克

副食材

香油10毫升 | 細砂糖20克 | 植物油適量

做法

❶ 紅棗洗淨、去核，用清水浸泡2小時，放入蒸鍋內，大火蒸30分鐘至完全熟透。

❷ 蒸好的紅棗放入料理機中攪拌成泥，過篩，留下棗肉，去除棗皮。

❸ 鍋內倒入香油，紅棗泥、細砂糖，小火不停翻炒至棗泥微乾不沾手，做成棗泥餡。

❹ 將麵粉、雞蛋放入盆中，加入適量清水，用力攪拌成可以掛漿的麵糊。

❺ 平底鍋刷上一層植物油，攤上一匙麵糊，小火煎至麵皮凝固。

❻ 在麵皮上迅速放入一匙棗泥餡，將麵皮四面往中心摺疊包裹好，做成長方形的麵餅。

❼ 煎餅機底部倒入少許油加熱，放入做好的麵餅，煎至兩面金黃即可。

烹飪訣竅

❶ 以上餡料的做法可以用來做紅豆餡或其他蔬果餡料，如紫薯餡、南瓜餡、山藥餡等。

❷ 沒有煎餅機可以直接用平底鍋煎餅。

棗泥鍋餅是傳統的名點，營養豐富，外皮酥脆，棗泥餡香甜綿密，是一道很受孩子歡迎的甜點麵食。

養顏美容又飽足

玫瑰花餡餅

180分鐘　高級

★你需要掌握的技巧

發酵麵團的做法　見013頁

如何包餡餅　見022頁

主食材

麵粉250克 | 玫瑰花3大朵 | 麥芽糖70克
核桃碎50克

副食材

細砂糖6克 | 酵母粉2克 | 鹽1小匙
植物油適量

做法

❶ 將200克麵粉、酵母粉、細砂糖混合，用溫水和麵，揉成麵團進行發酵。

❷ 清水中加入1小匙鹽，將玫瑰花瓣浸泡30分鐘，擠乾水分，切碎備用。

❸ 將玫瑰花碎、核桃碎、麥芽糖、50克麵粉放入盆中，用力攪拌均勻，做成餡料。

❹ 將發酵好的麵團包上玫瑰花餡料，做成餡餅，繼續醒發30分鐘左右。

❺ 煎餅機預熱，底部刷上一層植物油，放入餡餅，選擇烙餅功能即可。

烹飪訣竅

餡料以玫瑰花香為特色，加了核桃碎增加香味，也可以加入芝麻粉調味。

玫瑰餡的餡餅，外皮酥脆可口、餡料香濃馥郁，一口咬下去，滿滿的鮮花香氣，彷彿把春天吃進了肚裡。

香脆耐嚼、回味無窮

蓮蓉芝麻球

60分鐘　中等

主食材

糯米粉150克|澄粉75克|低糖白蓮蓉餡350克

副食材

細砂糖30克|豬板油30克|白芝麻100克
植物油適量

做法

❶ 澄粉加入75毫升開水攪拌均勻，做成熟麵粉。

❷ 糯米加入清水，揉成糯米團，加入細砂糖、熟麵粉、豬油，用力揉成麵團，放入冰箱冷藏10小時。

❸ 蓮蓉餡揉成長條，分割成小份，搓成每個30克的小圓球。

❹ 糯米團搓成長條，分割成每個40克，和蓮蓉餡數量一樣多的圓球備用。

❺ 糯米球壓扁，擀成麵皮，包入蓮蓉餡，搓圓封口，放入芝麻裡打滾，均勻裹上白芝麻。

❻ 鍋中倒入足夠的植物油，加熱至高溫，放入芝麻球，炸至芝麻球浮起後，轉中火炸至金黃即可。

烹飪訣竅

❶ 蓮蓉餡是用蓮子熬製而成的，製作方法和紅豆沙餡一樣，為了方便，也可以購買市售成品。

❷ 內餡可以根據自己的口味做出靈活改變，如換成紅豆沙、鹹蛋黃等。

炸得圓鼓鼓的芝麻球，外表裹滿了白色芝麻，可愛誘人、香酥又富有嚼勁，剛出鍋就香飄千里，一口下去，還能吃到香甜的蓮蓉餡，營養豐富、美味可口。

香甜軟糯、精巧可愛

豆沙南瓜湯圓

90分鐘　中等

主食材

南瓜300克 | 糯米粉220克
豆沙餡250克

副食材

細砂糖適量

做法

❶ 南瓜削皮、去籽，切成薄片，上鍋蒸熟。

❷ 將蒸熟的南瓜用料理機打成泥，或用湯匙壓成泥。

❸ 在南瓜泥中加入細砂糖、糯米粉，攪拌均勻，揉成麵團，醒30分鐘。

❹ 醒麵的過程中，將豆沙餡均勻搓成小丸子備用。

❺ 將麵團搓成長條，均勻分成幾等份，數量與豆沙餡一樣。

❻ 將麵團壓扁，擀成麵皮，包入豆沙餡，封口用手捏緊，滾圓。

❼ 鍋內倒入清水煮滾，放入南瓜湯圓，中火煮至湯圓浮起即可。

烹飪訣竅

❶ 豆沙餡可以購買市售成品，如果沒有，也可以不放餡。

❷ 南瓜湯圓可以水煮，也可以裹上麵包糠油炸。

❸ 南瓜含糖，豆沙也是甜的。如果想控制糖的攝取量，可不放細砂糖，也可購買低糖的豆沙餡。

軟軟糯糯的湯圓，深受大家喜愛，既可做主食，也可做點心。南瓜泥的加入，讓湯圓的顏色變得金黃可愛，清甜的糯米包著綿密甜美的豆沙餡，熱氣騰騰地來一碗，是冬天暖心暖胃的小點。

黑芝麻湯圓是經典小吃，芝麻的香濃鑽到每個人的鼻孔裡，不但滿足了口腹之慾，連鼻子也彷彿跟著做了一個SPA。

暖心暖胃的經典美食

黑芝麻湯圓

40分鐘　簡單

主食材

黑芝麻粉60克 | 糯米粉150克
細砂糖40克

副食材

豬板油20克

做法

❶ 黑芝麻粉加入細砂糖、豬板油混合均勻，搓成小丸子備用。

❷ 糯米粉加清水攪拌，揉成糯米麵團。

❸ 將糯米麵團搓成小球，壓扁後，包入芝麻小丸子，封口收攏，做成黑芝麻湯圓。

❹ 鍋內清水煮滾，放入芝麻湯圓，轉中小火煮，其間用湯匙略微推動鍋底，以免湯圓黏鍋，煮至湯圓浮起即可。

烹飪訣竅

❶ 豬油是湯圓餡流心的關鍵，可以購買市售成品，要凍住的白色豬油，而不是融化後的液體豬油。

❷ 同樣的方法可以用來包花生湯圓，將黑芝麻粉換成花生粉即可。

好吃易做又精美營養

心太軟糯米棗

40分鐘 簡單

主食材

乾紅棗20個 | 糯米粉100克

副食材

蜂蜜20毫升 | 桂花粉少許

做法

❶ 紅棗洗淨，去核，用剪刀對半剪開一邊，另一邊保持連接。

❷ 糯米粉加清水調成可以揉搓的硬度。

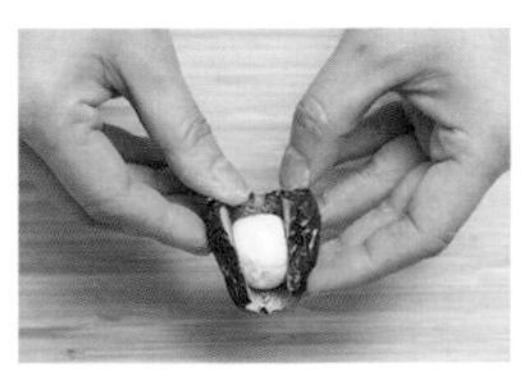

❸ 將糯米粉搓成小丸子，塞進紅棗，擺入盤中。

❹ 將糯米紅棗用大火蒸10分鐘。

❺ 盛出淋上少許蜂蜜、撒上桂花粉即可。

烹飪訣竅

紅棗本身具有糖分，如果想讓熱量更低，可以不放蜂蜜。

這是一款精巧美觀的點心，南瓜富含膳食纖維，能促進腸胃運動，多吃也不怕胖。清香的椰蓉非常富有特色，糯米糍的口感粉糯香甜，非常受小朋友們的歡迎。

精緻營養的粗糧甜品

南瓜椰蓉糯米糍

60分鐘　簡單

主食材

南瓜300克 | 糯米粉200克

副食材

細砂糖50克 | 椰蓉30克 | 蜂蜜20毫升

做法

❶ 南瓜削皮，切成片，放入蒸鍋中蒸熟，取出放涼備用。

❷ 將蒸好的南瓜用湯匙壓成泥。

❸ 加入糯米粉、細砂糖，攪拌均勻。

❹ 搓成大小均勻的南瓜球，放入盤中，用保鮮膜包住。

❺ 蒸鍋內清水煮滾，放入南瓜球，大火蒸15分鐘。

❻ 在蒸好的南瓜球上刷上一層蜂蜜，放進椰蓉裡滾一下，均勻裹上椰蓉即可。

烹飪訣竅

如果喜歡吃香酥口味的，也可以在步驟4後直接用植物油小火炸至金黃，再裹上蜂蜜椰蓉。

好看好吃、低卡飽足

紫薯南瓜球

60分鐘　中等

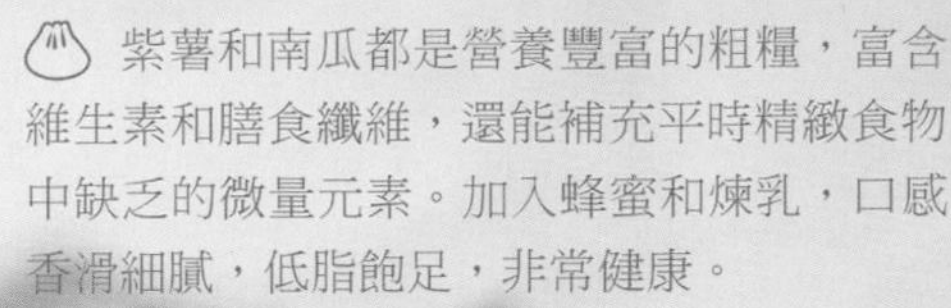

紫薯和南瓜都是營養豐富的粗糧，富含維生素和膳食纖維，還能補充平時精緻食物中缺乏的微量元素。加入蜂蜜和煉乳，口感香滑細膩，低脂飽足，非常健康。

主食材

南瓜300克 | 紫薯150克
糯米粉300克

副食材

煉乳30毫升 細砂糖30克

烹飪訣竅

可以根據自己的喜好，在最後一步裹上其他食材，如芝麻、黃豆粉等。

做法

❶ 南瓜削皮，去籽，切成片；紫薯削皮，切成片。

❷ 蒸鍋內放入清水煮滾，將南瓜片和紫薯片放進蒸籠，中小火蒸15分鐘，放涼備用。

❸ 將南瓜用湯匙壓成泥，加細砂糖、250克糯米粉，揉搓成麵團，蓋上保鮮膜靜置半小時。

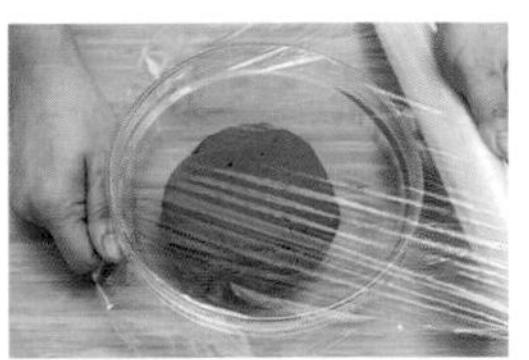

❹ 將紫薯用湯匙壓成泥，添加煉乳、50克糯米粉，揉搓成麵團，蓋上保鮮膜靜置半小時。

❺ 將南瓜麵團和紫薯麵團揉成數量相等的麵團，南瓜和紫薯團的大小比例是2：1。

❻ 將紫薯麵團包進南瓜麵團裡，放入鋪好蒸籠布的蒸盤裡。

❼ 蒸鍋內清水煮滾，蓋上鍋蓋，大火蒸10分鐘即可。

樸素卻有內涵的小點心

棗泥山藥球

180分鐘 中等

主食材

山藥250克 | 乾紅棗100克

副食材

細砂糖40克 | 植物油30毫升

做法

❶ 山藥洗淨後去皮，切成小段；紅棗浸泡2小時，洗淨、去核。

❷ 蒸鍋內清水煮滾，放入山藥和紅棗，中火蒸30分鐘。

❸ 將山藥放入料理機中，加入細砂糖，攪拌成泥，取出備用。

❹ 紅棗放入料理機中攪拌成泥，過篩，留下棗肉，去除棗皮。

❺ 鍋內倒入植物油，冷油放入紅棗泥，小火不停翻炒至棗泥微乾、不沾手，做成棗泥餡。

❻ 棗泥餡搓成大小均勻的棗泥球，山藥泥搓成大小均勻的山藥丸，二者數量一樣。

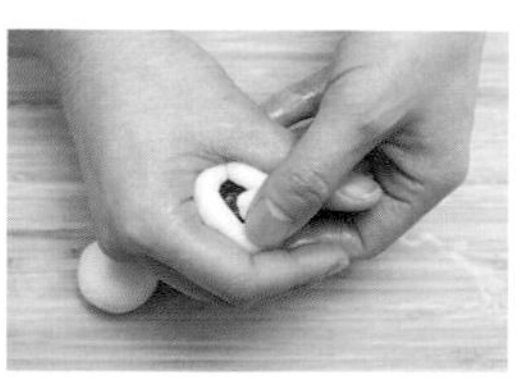

❼ 將山藥丸壓扁，包入棗泥餡，封口搓圓即可。

烹飪訣竅

❶ 山藥用溫水浸泡30分鐘，再削皮可以預防手癢。

❷ 可以使用模具，刷上一層植物油，將山藥球壓成各種花紋的山藥餅。

山藥富含多種微量元素，非常養胃；紅棗補氣養顏，也是很好的滋補品。白色的山藥球包裹著紅色的棗泥，爽口清甜，是非常養生的一道點心。

這是一道簡單易做、好看又好吃的經典甜品。芋泥香糯綿密，回味無窮，僅僅淋上一點桂花蜜就已經相當誘人了。

清甜綿軟的高顏值甜品

桂花芋泥

60分鐘　簡單

主食材

香芋300克

副食材

細砂糖1大匙 | 蜂蜜1大匙
乾桂花少許

做法

❶ 將香芋削皮、洗淨後切成小塊。

❷ 蒸鍋內清水煮滾，放入香芋塊，中小火蒸30分鐘至香芋熟透。

❸ 將蒸好的香芋取出放涼，放入料理機中，加入細砂糖打成泥，不用打得太精細，保留一些顆粒。

❹ 將打好的芋泥倒入小碗中，壓實後，倒扣到大的餐盤中，擺盤。

❺ 淋上蜂蜜，撒上乾桂花即可。

烹飪訣竅

❶ 蒸香芋時可以用筷子戳一下，如果很容易戳進去就表示完全熟透了。

❷ 香芋本身沒有味道，但是很吸味，因此需要放一些調味料。細砂糖和蜂蜜的分量可以根據自己的口味適當增減。

清爽香甜、百吃不厭

椰汁西谷米糕

60分鐘（不含冷藏時間）

簡單

主食材

椰汁500毫升 | 西谷米40克

副食材

細砂糖20克 | 吉利丁片20克

做法

❶ 西谷米放入滾水中，蓋上鍋蓋，中火悶煮15分鐘，期間用湯匙略加攪拌，以免沾黏鍋底。

❷ 煮好的西谷米關火後，用鍋蓋蓋住，悶10分鐘，過冷水沖洗，瀝乾水分備用。

❸ 吉利丁片掰成碎片，用少量清水浸泡至溶化。

❹ 椰汁倒入鍋中加熱，加入細砂糖、吉利丁水攪拌均勻。

❺ 將西谷米倒入椰汁中攪拌均勻，放涼。

❻ 將常溫冷卻的椰汁西米露倒入容器中，放入冰箱冷藏3小時以上，凝結即可。

烹飪訣竅

❶ 煮好的西谷米悶10分鐘，用餘溫將西谷米中間的心悶熟，這樣西谷米便不會因為煮太久而失去彈牙的口感。

❷ 為了擺盤好看，也可以用新鮮的玉米粒擺在西谷米糕頂端裝飾。

細膩香甜又飽足

豆沙糯米桂花卷

90分鐘 中等

★你需要掌握的技巧

紅豆沙餡的做法 見015頁

主食材

糯米粉200克 | 玉米麵粉50克
紅豆沙300克

副食材

細砂糖40克 | 植物油30毫升 | 乾桂花少許 | 蜂蜜少許

做法

❶ 糯米粉和太白粉放入盆中，加入清水，用力攪拌成稀麵糊（略微能掛漿的濃度）。

❷ 在稀麵糊中加入細砂糖、15毫升植物油，用力攪拌均勻至植物油完全乳化，融合進麵糊中。

❸ 取一個盤子，底部抹上一層植物油；將麵糊過篩，倒入盤中，用保鮮膜封口。

❹ 蒸鍋內清水煮滾，將麵糊放入蒸鍋中，大火蒸20分鐘，取出放涼。

❺ 將蒸好的麵糊取出，放入盆中，加入剩餘植物油，雙手揉捏至油融合進糯米團中，分割成小份麵團。

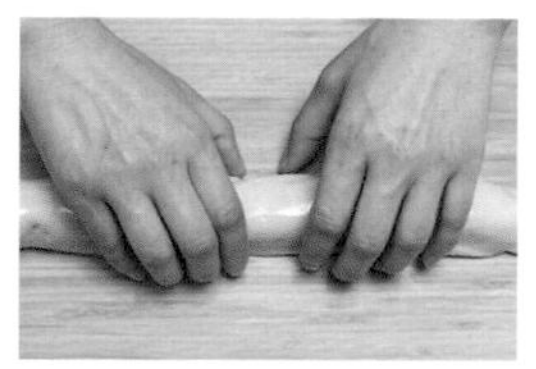

❻ 麵團搓成長條，壓扁，用擀麵棍擀成麵皮；紅豆沙搓成長條，裹入麵皮中。

❼ 將捲好的豆沙糯米卷用刀切成小方塊，擺入盤中。

❽ 蜂蜜加入乾桂花調和均勻，淋在豆沙糯米卷上即可。

烹飪訣竅

❶ 可根據自己的口味，在豆沙糯米卷上撒椰蓉、可可粉、抹茶粉等。

❷ 可以用牛奶代替清水調和糯米麵糊，味道更香濃。

潔白的糯米包住香甜的豆沙，捲成條，切成小塊，光是擺盤就已經吸引眼球了。香糯綿軟、甜而不膩，一口一個，是一道顏值和口感俱佳的點心。

富含維生素的快手甜點

蘋果派

70分鐘　中等

主食材

切片吐司4片 | 雞蛋1顆
大蘋果1個（約300克）

副食材

奶油10克 | 太白粉1小匙 | 細砂糖適量

做法

❶ 蘋果削皮，切成細丁；太白粉加水，調成太白粉水；雞蛋打散成蛋液備用。

❷ 平底鍋內放入奶油，加熱至融化，加入蘋果丁，中火翻炒至稍軟，加入適量細砂糖，翻炒至蘋果汁滲出。

❸ 往蘋果餡中倒入太白粉水勾芡，小火熬煮至蘋果餡濃稠，盛出放涼備用。

❹ 切片吐司去邊，用擀麵棍壓扁，擀薄，四周刷上一層蛋液，方便黏住。

❺ 在吐司的一邊擺上蘋果餡，對摺，四邊黏合好，用叉子壓上花紋。

❻ 在吐司表面均勻刷上蛋液，割兩刀口子，露出蘋果餡。

❼ 烤箱預熱180℃，將蘋果派上下火烤15分鐘至表面金黃即可。

烹飪訣竅

❶ 如果有蘋果醬，可以直接拌入蘋果粒中，使蘋果餡的味道更濃郁。

❷ 每個烤箱的溫度略有差異，要觀察調整時間長短，喜歡口感香脆的，可以增加至20分鐘。

這是一道簡化的快手甜點，
方便好做，營養豐富，造型好看。

好吃不膩的中式甜品

綠豆糕

150分鐘（不含浸泡綠豆時間） 中等

主食材

去皮綠豆200克

副食材

奶油60克 | 細砂糖50克 | 麥芽糖40克

做法

❶ 去皮綠豆加入清水，浸泡24小時。

❷ 蒸鍋內水煮滾，墊入蒸籠布，將浸泡好的綠豆平鋪，蓋上鍋蓋，中火蒸60分鐘。

❸ 蒸好的綠豆倒入盆中，用湯匙或料理機打成泥。

❹ 鍋內放入奶油，加熱至融化，倒入綠豆泥，轉小火不停翻炒至奶油完全被綠豆泥吸收。

❺ 分多次加入細砂糖和麥芽糖，繼續小火翻炒至綠豆泥將糖完全吸收融合。

❻ 將炒好的綠豆沙放入模具中，壓成形即可。

烹飪訣竅

❶ 去皮綠豆有市售成品，也可以上網購買。

❷ 天氣熱時，可以將綠豆放入冰箱冷藏浸泡。

❸ 可以根據自己的喜好，在綠豆泥中加入抹茶粉、紫薯粉等，做成不同的顏色，也可以包入紅豆沙餡、奶黃餡等。

綠豆消暑解渴，是夏季人們常用的祛暑食材，做成綠豆糕也是一道傳統的經典點心，口感綿軟香甜，入口即化，老人小孩都喜歡。